胡明瑜 —— 著

别让坏脾气毁了你一生

掌控情绪

人民邮电出版社

北 京

图书在版编目（CIP）数据

掌控情绪：别让坏脾气毁了你一生 / 胡明瑜著. --
北京：人民邮电出版社，2021.11（2024.6重印）
ISBN 978-7-115-57117-5

Ⅰ. ①掌… Ⅱ. ①胡… Ⅲ. ①情绪－自我控制－通俗
读物 Ⅳ. ①B842.6-49

中国版本图书馆CIP数据核字(2021)第196030号

内 容 提 要

每个人都有脾气。在与人交往的时候，如果控制不住自己的脾气，过度情绪
化，就会影响我们的人际关系、生活和工作。发泄情绪是本能，管理情绪才是本
事。正确认识情绪，并学会与之相处，是人生中需要学习的非常重要的一课。

本书是作者16年情绪管理经验的总结，首先带领读者正确识别和表达自己的
情绪，然后针对职场关系、亲密关系、亲子关系、家庭关系中常见的情绪问题，
给出行之有效的解决方案。

希望任何时候，你都不会被情绪控制，而是成为情绪的主人，活出更加精彩
的人生！

- ◆ 著　　　　　胡明瑜
  责任编辑　　马雪伶
  责任印制　　王　郁　彭志环
- ◆ 人民邮电出版社出版发行　　北京市丰台区成寿寺路 11 号
  邮编　100164　　电子邮件　315@ptpress.com.cn
  网址　https://www.ptpress.com.cn
  北京天宇星印刷厂印刷
- ◆ 开本：880×1230　1/32
  印张：8.5　　　　　　　　　　2021 年 11 月第 1 版
  字数：177 千字　　　　　　　2024 年 6 月北京第 8 次印刷

定价：59.90 元

读者服务热线：**(010)81055410**　印装质量热线：**(010)81055316**
反盗版热线：**(010)81055315**
广告经营许可证：**京东市监广登字 20170147 号**

做一名爱的搬运工

为何写这本书？

"我用尽了全力，过着平凡的一生。"

每次读毛姆在《月亮与六便士》里的这句话，我都有种悲怆的感觉，眼前总有一个画面：汹涌的人潮中，无数脸上写满焦虑的成年人，行色匆匆，却还是奔向下一个痛苦。

为什么我们这么努力，却还是过得如此辛苦？

做女性成长和家庭教育的培训与咨询 16 年，我有幸结识了很多学员。虽生活境况不同，但在纷繁的现代社会，压力和情绪却是共通的。学业或工作中遭遇竞争，职场关系中的暗流涌动，伴侣相处里的矛盾冲突，亲子关系中的斗智斗勇，家庭琐事背后的一地鸡毛……能撑的时候，尽量撑着，扛不住了就情绪失控，甚至崩溃……有不少学员告诉我，每当沉入情绪低谷，就不想起床，生活没有动力，做事提不起兴趣，严重影响到工作和生活。甚至开始自我攻击，然后越发陷入负面情绪中，难以自拔。他们也曾经尝试自己做出各种努力和调整，但收效甚微。关键是，人到中年，身体开始出现问题，因情绪叠加而引发的各种疾病和亚健康问题接踵而至，生活变得困难重重。我开始意识到，直面人生，光靠努力是不够的，**我们不是要活得更加努力，而是要活得更有智慧。**

智慧能简单地理解为读书或听课学习吗？如果是这样，那为什么我们学了那么多，懂那么多道理，却依然过不好这一生？我以为，之所以这样，一个很重要的原因是，**道理是道理，情绪是情绪。**我们都懂得要做一个温和而坚定的妈妈，却无数次在吼完孩子后内疚自责；我们明知道有些话说出去伤人害己，却还是忍不住在盛怒之下喷涌而出。这些年，关于情绪，学员问得最多的问题就是，如何能控制好情绪。我们总在想着如何"控制"情绪，殊不知，情绪很难被控制，只能被管理。而有效的情绪管理至少有三步：识别、表达、管理。"毒鸡汤"却常常教人跳过前面两步，直接针对最后一步，还告诉我们：吃亏是福，知足常乐，你要退一步海阔天空。这导致人们常常无法识别和表达自己的情绪，把负面情绪当成"洪水猛兽"，把压抑情绪当成管理情绪。我发现，90%的人其实并没有了解过情绪，更不知道如何应对和管理情绪，加之市面上向大众介绍情绪的实用类书籍并不多，有鉴于此，我不揣冒昧，大胆进入这一领域，针对现实生活中人们遇到的情绪问题，结合自己多年的学习与探究，从理论与实践结合的角度，提出了解决问题的思路与方法，希望能带给你不一样的收获。

这本书有什么特点?

有理念亦有方法

近 20 年来,我一直在努力做一件事,就是用浅显易懂的语言和贴近生活的案例去分享行之有效的情绪管理方法,因为有效果比讲道理更重要。为了能帮助大家更好地掌握情绪管理的方法,我力图把知识变成切实可运用的方法,好的方法是有具体步骤的,是可以重复练习的。

有故事有案例

我的学员以女性居多,给女性讲课,不能只有理论和数字,而没有活生生的案例。所以在本书中有大量真实的生活案例,这些案例来自我的学员和朋友,也都得到他们允许,很多问题非常有共性,你可以在他人的故事里找到自己的答案。

14 大情绪管理难题

虽然大家的生活各不相同,面对的困难也不一样,但依然有很多情绪问题具有普遍性和广泛性,比如如何应对焦虑情绪、婚姻中的三观不合,如何处理婆媳关系,如何处理与青春期孩子的冲突等。为了更好地满足大家的需求,我在大量的问题中提炼出 14 个共性的难题,希望能帮到你。

音频体验练习

很多的负面情绪常常储存在身体中，所以有效的情绪处理，并不只是讲道理，而是要从身体入手，做一些清理和疗愈。在全书的部分章节的练习中，我特意录制了与之相对应的音频，你可以跟随我的引导，重复听，经常做，这对于清理和释放情绪非常有效。

课后经典练习

有时"习"比"学"更重要，为了帮助大家夯实所学的方法，我还专门设计了练习，希望大家通过完整的"学理论—听案例—用方法—常练习"四大步的模式，真正学到、学会。

如何使用这本书？

这是一本可以使用的书，用得越多，练习得越多，收获越大。

请按顺序阅读。先学理论，再看案例，这样可以理解得更深。前三章是情绪的相关理论，这些内容并不枯燥，我试图用平实的语言诠释专业术语，让你对情绪有基本的认知。后面的章节重在解决生活中的问题。当然，如果你关心某个具体案例的解决方案，也可先翻到那一部分内容，先行学习。

分章节细读。我的建议是读完每一节都停下来，认真地思考，并完成后面的练习，每天进步一点点。

与朋友共读。能静下心来读一本书，在现代社会并不容易，没有环境和氛围也很难坚持，一个好办法是找一些爱读书、有兴趣的朋友一起学习和践行，比如每周聚在一起共读，并分享自己的故事和心得。一个人走得快，但一群人走得远。而且，从他人的分享中，我们会有更多的收获和成长。也欢迎加入明瑜读书会，这里有本书配套的精华音频课，供大家一起共修。

与他人分享。多年的授课经验告诉我，输出才是最好的输入，当你分享你的所学时，往往能有更大的收获和成长。学习既是修行，分享既是行善。我邀请你做一名爱的搬运工，运用各种形式，在线上或线下，去分享和传播。

致谢

写书的计划很早就有，但总是借口忙，一拖再拖，是这场突如其来的疫情让我有时间静下心来整理这些文字，最受益的还是我自己。首先要感谢本尚书院的所有学员们，如果没有你们一直以来的鼓励和支持，懒散的我可能永远无法完成这本书。你们的期待和信任是我前进的动力。写书过程中难免对自己不满意，有评判，但当我想到这本书能够持续地帮助他人，就不再纠结自己的局限和不完美。

　　其次要感谢华中师范大学家庭教育中心的支持；感谢骆霞老师和成竹老师，两位良师益友一直以来的支持与鼓励；智仪老师、杨柳老师、青青老师、蒋强老师、高晨老师和魏芳老师，都分别对本书的内容提供了智力支持，一并感恩大家！感谢秋叶大叔，教我这个写书小白入门，给我提出中肯的改进建议。生命中有你们，非常感恩！

　　最后，要感谢我的家人，在我春节闭门写书的一个月，是你们的全方位支持让我可以安心写稿，为自己的梦想努力。

　　愿我生命中的每一位有缘人，都能成为情绪的主人，活出更加精彩的人生。

胡明瑜

2021 年 5 月

目　录

第1章 　**认知情绪**

你所认识的情绪是这样的吗

第2章 　**处理情绪**

如何有效应对不同层面的情绪

第3章　**转化情绪**

如何深度转化你的情绪

第 4 章　职场关系

高情商是怎样修炼的

第 7 章　家庭关系

那些"惹不起"的人，我们如何相处

第 1 章

认知情绪

你所认识的情绪是这样的吗

我们总念着要养生，却忽略了爱惜生命不仅要养生，
更要管理好情绪。

我们总想着要控制情绪，却不知道情绪本质上是无法
被控制的。

情绪到底是什么？它对我们的身心影响有多大？

第1节

身体会说话：你被压抑的情绪攻击了吗

情绪会引发身体的疾病吗？

古代有一位女子，结婚后丈夫常年在外经商，夫妻俩聚少离多。妻子总是独守空房，渐渐变得郁郁寡欢，身体也总出毛病，一直吃药治疗，却久治不愈。后来遇到一位叫丹溪的名医，名医诊断说，这是思念导致气结，很难单独用药物治疗，需要让她开心，或者让她生气。于是名医故意激怒她，女子先是大怒然后哭了起来，三个时辰后医生开导她，同时让她喝下准备好的汤药，随后这女子就开始想吃东西了。名医告诉女子的家人，虽然女子的气结解开了，但是还需要让她开心，病情才能不再反复，于是家人伪造书信骗女子说她丈夫很快就能回来，结果三个月后丈夫果然回来了，女子痊愈了。

这是《名医类案》一书中记载的一个故事，也是一个典型的由情绪引发身体症状的案例。我们总以为身体出问题，在身体上下功夫就可以了，头痛医头，脚痛医脚，但在现代身心医学和心理学的研究中，我们发现，身心是一体的，身体状态会影响心理状态，心理状态也会反映在身体上。

大A是我的一名学员的老公，个子不高，面部轮廓分明，给人一种刚毅的感觉。第一次见他时，感觉他非常疲惫，谈话间他会无意识地玩弄手中的签字笔，他的指尖密布细微的伤痕。他的妻子告诉我，大 A 总是半夜坐在阳台抽烟，一坐就是几个小时，她很担心。

后来了解到，大 A 经营一家钢材公司，这些年业务一直不好做，公司濒临倒闭，大 A 一直在想各种办法，心中无比焦虑，晚上经常只能睡 1～2 小时，体重暴增，头发也大把大把地脱落，不久前去医院体检，结果显示身体的各项指标都在"报警"。大 A 不想让妻子担心，没有告诉她这些，自己一个人扛着压力，神经紧绷的时候，喜欢撕扯手上的肉刺，有时候手指不知不觉被自己扯得血肉模糊。

那天我给大 A 做了一次个案辅导，过程中这个男人狠狠地哭了一回。他回去以后跟我发短信说："老师，初中以后我就再也没掉过一滴眼泪，原来畅快地哭一场是这么痛快的事。"后来，他来学习我的课程，参加了很多体验和分享活动，变得更放松，精神状态改变了，身体状态也慢慢好了。年底得知我在写书，他自告奋勇希望把自己的事例贡献出来。

再来说说小美的故事。

小美在单亲家庭长大，从小跟妈妈一起生活，她长得很漂亮，却很少打扮自己，在同学中也总是默默无闻。大三的时候，有个男生开始追求她，小美从未感受过来自男性的体贴和关爱，很快坠入爱河。可好景不长，毕业时男友迫于家里的压力选择回老家就业，小美万分不舍，最终还是选择了分手。自此小美一蹶不振，情绪低迷，每天宿舍门都不出，靠点外卖度日，每天日夜颠倒，经期紊乱，经常胃痛、胸闷、四肢冰凉。半年不到的时间瘦了 20 斤，毕业答辩也错过了。

小美的妈妈知道女儿的情况后很担心，经由朋友介绍向我求助，我建议她带小美先去精神卫生中心进行诊断，再带来我这里做心理辅导。初见小美，她清秀的脸庞已经深深凹陷下去，大大的黑眼圈，瘦弱的身子，聊了没几句，她就哭了起来，我为她做了简单的"家庭雕塑"，发现她真正悲伤的根源是对父爱的渴望。在我的引导下，她将压抑了多年的对父亲的情绪表达了出来。在这个过程中，这个女孩三次崩溃，一个半小时的时间，我陪伴着她经历了一次她内心情感世界的穿越，她终于决定，放下对那个男生的期待，尊重他的选择，同时也回归自我，勇敢地正视自己的内心。

再次见到小美时，她整个人变得有光彩了，身体状态明显比之前好了很多。她告诉我，虽然工作以后有不少追求者，可她想等自己更独立一些，内心更强大的时候，再谈恋爱。

在多年的培训和咨询工作中，经常有学员跟我谈论关于身体的状况，比如肩颈肌肉紧绷、头痛、失眠、耳鸣、经期紊乱、胃痛等，他们往往都经历了很长时间的药物治疗，但是状态时好时坏，症状反复"纠缠"，始终无法彻底摆脱。作为一名心理工作者，我更倾向于看到一个整体的"人"而非某个部位，我发现他们有一个共同的特点，就是所有人几乎都面临某些情绪的困扰，有些情绪甚至被深深地压抑了很多年。身体上这些难解的症状真的和我们的情绪有关吗？

身心医学研究从多个方面都证实，我们身体的大部分病征都和情绪有直接或间接的关系。

当出现皮肤过敏、喉咙不适、胃痛、失眠多梦、经常性头痛等症状时，我们常常会想：是不是身体出现了什么问题？

其实很多时候，没有被充分表达的情绪才是始作俑者。心理学里，我们把这称为"躯体化"。

腰痛也许是在表达"我都为你做了这么多"的不满，腰痛的人爱生气，心烦气躁，什么事都会抢在别人前面做，做得多却得不到感谢，难免生出许多指责和抱怨。当人生气的时候，气血上涌，大部分集中在脑部，腰部得不到充足的血液，就很容易腰痛。

爱操心，思虑过多，思则气结，不仅会引发偏头痛，还会影响消化系统，直接显现出来的就是胃部不适。当我们大把大把地吞下胃药，却忽略了胃疼背后的各种压力和紧张。

皮肤上的各种红疹，犹如一座座要爆发的小火山，其实是在表达愤怒。

在亲密关系中，夫妻感情不和，妻子总是生气易患乳腺增生，长期抑郁易患乳腺癌，甚至会影响卵巢健康。

樱子在发现丈夫出轨后得了严重的盆腔炎，多方求医都不能根除，樱子对此深感苦恼，后来她来上我的情绪管理课，听到情绪对身体的影响时才意识到，她的这个盆腔炎就是在得知丈夫出轨后患上的，为了家庭的完整和孩子的身心健康，她隐忍压抑自己对丈夫的愤怒，表面上原谅了丈夫，但是情绪却一直无法平静。后来她离婚了，在心理咨询师的帮助下，结合妇科医生的治疗，终于摆脱了疾病的困扰。

世界心理卫生组织指出，70%以上的人会以攻击自己器官的方式来消化自己的情绪，而消化系统、内分泌系统和生殖系统则是重灾区。导致免疫系统出现问题的情绪排名，前七名的依次是生气、悲伤、恐惧、忧郁、敌意、猜疑，以及季节性失控（如夏季频发争执和摩擦；冬季抑郁患者会比其他季节时多）。

所以，**爱惜生命不仅要养生，更需要管理好自己的情绪。身体从来不说谎，疾病背后有呼声，它是在提醒我们，需要更多地关注内在的情绪，并学习用科学的方式处理情绪。**

练习1　考考你

现在考考你，关于对情绪的认识，以下观点你认同哪几个？

● 情绪是与生俱来的。——"我天生就是多愁善感忧郁型的。"

● 情绪是无法掌控的，既无从预防、也无法驱走。——"我也不想发脾气呀，可控制不住呀，它又不听我的。"

● 负面的情绪带来负面的影响。——"负面情绪都是不好的，糟糕的。"

● 有情绪最好不要表现出来。——"有情绪、发脾气是没有修养的表现。"

● 情绪管理的目的是把情绪控制下来。——"怎样才能控制情绪？"

● 情绪的原因是外界的人、事、物。——"一见他那个鬼样子我就来气，都是他惹我的！"

● 情绪有好坏之分——愉快、满足、就是好的；愤怒、焦虑就是修养不够。——"不要在外人面前这个样子！真丢脸！"

● 不好的情绪，处理方式只有两种：要么忍耐，要么爆发。——"我有什么办法？不忍，难道发火？"

● 情绪控制人生。——"最近没有心情，什么都不想做。还是心情好的时候再做吧！"

● 明白了道理，就应该没有情绪了。——"我都跟你讲明白了，你怎么还哭？"

以上这十个观点你同意几个呢？如果绝大多数你都认同，我猜你可能是一个搞不定情绪的人，你太需要学习这部分内容了。其实以上这十个观点全是对情绪的错误认识，请带着这些问题在后面的章节中寻找答案吧！

第2节

关系失和，都是情绪惹的祸

1965 年 9 月 7 日，一场紧张激烈的世界台球冠军争夺赛在美国纽约举行。美国选手路易斯·福克斯发挥出色，个人得分遥遥领先，可谓稳操胜券了。就在路易斯全神贯注地准备击球时，一个戏剧性的场面出现了：不知从哪里飞来一只苍蝇，稳稳地落在了路易斯准备击打的那个主球上！路易斯生气地挥动球杆，把这只讨厌的苍蝇赶走了。如此重要的比赛，居然有苍蝇来"搅局"，这令路易斯很不高兴。正当他再次俯身准备击球时，那只苍蝇居然又飞了回来，而且不偏不倚又落在那个主球上！观众哄笑起来。路易斯涨红着脸，再次挥舞球杆，将那只不知趣的苍蝇哄走了！比赛继续进行。路易斯整整衣服，拿起球杆，再次准备击打主球。这时观众的哄笑声突然像潮水一样爆发出来——天哪！原来刚刚飞走的那只苍蝇竟然鬼使神差地再一次飞了回来，而且又落在了那个主球上！面对观众的哄笑和苍蝇的"戏弄"，路易斯怒火中烧，再也控制不住自己的情绪了，在其后的比赛中连续发挥失常，结果他的对手约翰后来居上，最后从路易斯手中"抢"走了奖杯。路易斯折断球杆，气呼呼地走出了赛场。

次日凌晨，人们在河中发现了路易斯的尸体，原来，因失去奖杯而恼怒万分的他选择结束自己的生命。

我们不得不唏嘘这位英杰的陨落，如果路易斯懂得如何管理自己的情绪，故事的结局是否会有所不同？

情绪影响我们与世界、环境、他人、工作的关系！

能很好地说明情绪的多米诺骨牌式破坏力的是美国社会心理学家费斯汀格的一个很出名的判断，即**"费斯汀格法则"：生活中的 10% 由发生在你身上的事情组成，而另外的 90% 则由你对所发生的事情的反应所决定。**

卡斯丁早上起床后洗漱时，随手将自己的高档手表放在洗漱台边，妻子怕手表被水淋湿，就把它放在餐桌上。儿子起床后到餐桌上拿面包时，不小心将手表碰到地上摔坏了。卡斯丁很心疼，就打了儿子一顿，然后黑着脸骂了妻子一通。妻子不服气，解释说是怕水把手表打湿，卡斯丁则说他的手表是防水的。于是二人激烈地争吵起来。一气之下卡斯丁早餐也没有吃，直接开车去了公司。快到公司时，他突然发现忘了拿公文包，又立刻回家。可是家中没人，卡斯丁的钥匙在公文包里，进不了门，只好打电话向妻子要钥匙。妻子慌慌张张地往家赶时，撞翻了路边的水果摊，摊主拉住她不让她走，她不得不赔了一笔钱才脱身。待拿到公文包又返回公司，卡斯丁已迟到了 15 分钟，挨了上司一顿严厉的批评，心情坏到了极点。下班前他又因一件小事，跟同事吵了一架。妻子也被扣除当月的全勤奖。儿子这天参加棒球赛，原本夺冠有望，却因心情不好，发挥不佳，他所在的队第一局就被淘汰了。

这个案例里，手表摔坏是其中的 10%，后面一系列事情就是另外的 90%。由于当事人没有很好地掌控那 90%，才导致了这一天成为"闹心的一天"。试想，假如卡斯丁在那 10% 发生后，换一种反应方式，比如，他抚慰儿子："不要紧，儿子，手表摔坏了没事，我拿去修修就好了。"这样儿子高兴，妻子也高兴，他的心情也不会变坏，那么随后的一切不幸就不会发生了。

你无法阻止痛苦的小鸟向你飞来，但你能阻止它在你头顶筑巢。我们也许控制不了前面的 10%，但完全可以通过调整情绪与行为决定剩余的 90%。**情绪是用来感受的，不要任由它掌控我们的生活，破坏我们的人际关系，影响我们的人生。**管理情绪的智慧是选择如何去感受，提升自控力。

阿强是一名快递员，也是名校的大学生，从小父母离异。他深知自己家境不好，从小就非常努力上进。考上名校并没有让他懈怠，他一边读书一边兼职送快递，赚生活费和学费，同龄的孩子娱乐玩耍时，他在风雨或烈日中穿行于大街小巷。这天他正在送外卖，接到一个电话，原来他妈妈在街上买菜时忽然晕倒了，被邻居送到医院，现在医院通知他去签字。阿强心急如焚，看着车上正在派送的三份外卖，想赶紧送完这几单就赶去医院。可是越是着急，事情越不遂人愿，送第二份外卖时，客户不接电话也不开门，眼看下一单要超时，他只能将外卖放在客户门口。好不容易送完，系统提示他收到一条差评，是第二件外卖的客户做出的。看着那个刺眼的评论，他心中难受，勉强克制住情绪，骑着车往医院赶。心神不宁情绪不稳的阿强，没注意旁边有一辆刚起步的车辆，自己的车尾在对方的车身上划出一道长长的痕迹。阿强急忙下车和对方道歉，谁知对方骂骂咧咧地抓着他的领子不放，阿强想快点赔钱了事，对方却不依不饶。一天的遭遇让阿强强忍的情绪再也压制不住了，他发疯一样冲上去和对方打了起来，结果被送进了派出所。

像这样的事情我们看到的只是当下的一幕，却不知道"崩溃的成年人"背后发生了什么。那些积压在他们身上的小事，都有可能成为导致情绪崩溃的最后一根稻草。

当一个人处在过度情绪化状态的时候，毫无理智可言，非常冲动，其行为具有多面性和不稳定性，还伴随强烈的攻击性。在许多恶性社会案件中，我们也可以看到情绪失控导致行为失控的现象，犯罪心理学家研究指出，激情犯罪（冲动型犯罪）占恶性案件80%以上，也就是说，大部分人之所以会做出难以挽回的行为，都是因为情绪失控。

我们也经常会看到，在婚姻中一些夫妻常常因为一点点小事而恶语相向，甚至大打出手，有时吵到最后、打到最后，都忘了到底是因为什么而起的冲突。真正的原因并非那些鸡毛蒜皮的小事，而是他们内在堆积的太多压抑的情绪。人们往往容易放松紧绷的神经，把坏情绪丢给最亲近的人。

我的学员慧子生长在一个"家暴"的环境，父亲经常打她和她的母亲，后来母亲离了婚，重新组建了家庭，但是父亲对慧子的影响似乎并没有因此而终结。因为父亲的影响，慧子在择偶时尤其避开可能会有暴力行为的男性，所以她的先生看起来很温和，彬彬有礼。慧子在婚后开始过得很幸福，但是不久她就开始有意无意地挑衅丈夫，丈夫遇到棘手的事情，她就在旁边冷嘲热讽；丈夫在工作中受了气，她就骂丈夫窝囊。有时候她的丈夫很生气，就会和她吵几句，情绪激动的时候，她就会大声地对丈夫说："有种你打我啊？"甚至会主动冲上去和他撕扯，歇斯底里。后来慧子跟我倾诉："其实我很爱他，但是我就是忍不住想折磨他。"

可能慧子自己都没有意识到，她的心里积压了很多小时候对父亲的不满和愤怒，当她遇到能让她感觉到足够安全的丈夫时，那些潜藏的情绪就忍不住释放了出来。在后面的章节我们也会提到这类"潜意识的情绪"，这样的关系是相当危险的，因为丈夫也在不断地隐忍，终有一天，当两个人都爆发的时候，后果难以预料。

所以，**要想关系好，首先情绪稳！经营好关系的前提是管理好自己的情绪。**

▶ **练习2　参与团体学习**

如果你想探索自己的情绪状况、提升觉察能力、妥善管理情绪与压力，甚至了解并适当应对他人的情绪，使自己成为成熟、健康的人，那么在阅读本书的同时，请准备与同学组成一个团体，通过亲身体悟、分享讨论、实际演练等方式，互相帮助，共同学习，这样才能更深入、有效。

寻找 3 至 6 位同学，组成一个"自助—助人"的成长团体来进行学习。

团体中至少有两种角色——领导者与成员，每个人都有机会在团体中扮演这两种角色。

共同选定适合的时间及场地（安静、宽敞、空气流通），促进团体成长。

如果你愿意加入我们的线上学习互助小组，也可扫描二维码添加助教的微信，助教会帮助大家组建线上学习小团队，共同学习成长。一个人走得快，但一群人走得远。

第 3 节

为什么我们总是控制不了情绪呢

经常有学员问我："老师，我如何才能控制好自己的情绪呢？"问这种问题的人，心里已经认定了一个前提：情绪是可以被控制的，我只需要掌握适当的方法就可以了。但这个前提真的成立吗？情绪真的可以被你的头脑所控制吗？如果真的能控制，那些身心和人际关系的麻烦问题早就没有了。你能控制你的呼吸吗？如果呼吸是由你的头脑在掌控，那真是太吓人了，万一哪天你投入地玩手机，兴奋过头忘了呼吸，人就没了。别说呼吸，我们的头脑连睡觉这样的小事都无法控制,很多人都有这样的体验:躺在床上,越想睡着,越翻来覆去睡不着。

生命的真相是,无论你承认或不承认,情绪是不能完全被你的头脑所控制的,没有人能说"我现在要开始高兴了",那么他就一定真的能高兴起来。没有人能说"现在我准备开始悲伤了",他就真的可以悲伤起来。

1. 全是三体脑惹的祸

美国神经系统科学家保罗·D.麦克莱恩在1990年提出大脑三位一体理论。根据脑科学的研究,我们把大脑简单分成三个不同的功能区间,第一个区间是爬虫脑,包括脑干和小脑,它是人的原始大脑,控制人的睡眠、饮食、繁殖和自我保护等生存本能,以及享乐等几乎所有欲望;第二个区间是情绪脑,也称哺乳脑和边缘系统,包括下丘脑、海马状突起和杏仁核体,控制人的情绪、情感和长期记忆,它是表达感受和情绪的感性中心;第三个区间叫新脑,也称皮质脑,包括左右两个脑半球,控制思维、逻辑、语言、想象力等所有的"高级"功能,它是理性中心。大脑的这三个功能区间各有分工,各司其职,你想用掌管理性的新脑控制掌管感性的情绪脑,这就"越权"了。

为什么我们懂那么多的道理,却依然过不好我们的人生?

因为"懂道理"属于理性思维,是新脑掌管的范畴,而生活中太多的感性情绪却是情绪脑负责的范畴。我们的人生,其实是三体脑共同运作的结果,甚至在重要事件上,感性情绪所发挥的作用比理性思维更大。这里有个认知的误区。有些人以为,只要明白了道理，就不应该有情绪了；而真相却是，**道理是道理，情绪是情绪，道理懂得再多再好，都不代表你会没有情绪。**

举个例子。孩子开始上幼儿园时，因为要与妈妈分离，总是会很害怕而哭闹不止，妈妈为了安抚孩子的情绪，会给孩子讲一堆道理："你要乖，妈妈一定会准时来接你的。""不哭不闹才是好孩子呀！""如果你不哭，回来我给你买东西吃。"就这样连哄带骗，摆事实讲道理，能讲的全讲了，孩子仿佛也听懂了，答应了，同意了，可是等到早上出门要跟妈妈分开时，又照样哇哇大哭起来，之前讲的道理全赶不上这一刻的情绪，于是妈妈就生气了："我之前不是跟你讲好了吗？你都明白了为什么还要哭闹呢？怎么这么不讲道理呢？"其实，那么小的孩子哪里听得懂那些道理，就算听懂了也无法做到，父母以为把道理讲明白了孩子就应该乖乖地没有情绪，这才真叫不讲道理！三岁孩子的大脑发育还很不完全，掌管道理的新脑还无法像成年人一样运作，你叫他怎么懂道理呢？

那为什么成年人的新脑已经发育得很完善，足够有理性控制力了，可道理仍常常没用，依然情绪失控呢？因为情绪脑的反应速度通常远远快于新脑的，换句话说，情绪脑会走高速线路，而新脑走的却是318国道，总是情绪发作之后，理智才慢悠悠地跟上，这就是我们常说的"我控制不了我自己"。这里有两个我，前一个我是新脑代表的理性的我，后一个我是情绪脑代表的感性的我。古人说的"情不自禁"也是在说新脑与情绪脑的冲突。

那么，什么情况下，新脑完全控制不了情绪脑呢？或者说，什么时候会情绪失控呢？答案是，当情绪的垃圾箱装满了的时候。

2. 你的情绪垃圾箱满了吗

每个人的身体里都会有一个情绪的垃圾箱，它专门用来堆放和储存一些你不喜欢的所谓的负面情绪，比如悲伤、愤怒、沮丧、忌妒、憎恨等。我们往往会下意识地把这些我们不喜欢的、自认为不好或他人不接受的情绪压在心底，不允许自己表现出来。比如，小的时候我们常常被教导"男儿有泪不轻弹"，一个有修养的人应该是心平气和的，女孩子应该温柔、声音要柔和，这些信念让我们把很多已然升起的情绪压抑下去，装进身体内在的情绪垃圾箱。你可以想象在你的身体里，有一个空间，当你生气的时候，你就把生气的情绪丢进垃圾箱；当你愤怒的时候，就把愤怒的情绪丢进垃圾箱。不管发生了什么事情，每当你遇到让你不舒服不开心的事情，就把所有不好的情绪统统装在这个垃圾箱里，只装不倒，总有一天垃圾箱会"爆仓"，这时，新脑再也无法控制情绪脑，任何一点小事都可能成为压垮骆驼的最后一根稻草，引发巨大的情绪洪流，一触即溃。

当垃圾箱装满的时候，你曾倒过垃圾吗？你多长时间倒一次垃圾呢？放在你客厅的垃圾箱是不动的，而你身体内的情绪垃圾箱却不会那么听话。因为情绪的本质是一种能量，而能量是始终处于运动状态的，也就是说，那些被压抑在身体里的情绪垃圾，它们并不是静止不动的，它们希望被看到、被宣泄、被表达，只要有一丝机会就会跑出来。可是，我们头脑的理智又不允许它们出来，于是这两种能量就会在我们身体里打架，一个能量想要出来，而另一个能量想要压制它们，这种长时间的内耗会让人变得疲惫、无力甚至抑郁。

越是不被我们接受的情绪，越是我们觉得见不得光的情绪，我们就越会把它们狠狠地压在里面，不让它们出来。那么我们是用什么把这些情绪压在身体里面的呢？

我们会动用宝贵的生命力（中国文化里讲的精气神）去压制它们，对抗它们，这时身心会进入一种"内耗"的状态，内在被压制的情绪越多，压制它们所消耗的生命力也会越多，于是能用来应对生活中各种事务的精气神就会越来越少，总感觉心有余而力不足。当我们的生命力不足以压制这些情绪时，就容易生病。

还有一个问题，你知道这个"情绪垃圾箱"具体在什么位置吗？当然是在我们的身体里！主要是在我们的脏腑器官。如果我们的身体和五脏六腑承载了太多的情绪能量，时间久了，就会百病丛生。

所以，别再想着控制情绪了，情绪是不能被控制的，新脑无法操控情绪脑。我们需要做的不是对抗、忽略、压抑和否定情绪；不要把它当成敌人，总想要搞定它、消灭它，而应该接纳它，合理地释放和疏导情绪。

《论语》中有一节讲到颜回死了，孔子到颜回家吊丧，情不自禁放声大哭，哭得昏天黑地。在吊丧回来的路上，跟随孔子一起去的人说："先生你今天真是大哭不止呀！"言下之意是，这样做似有不必，有失颜面。孔子却说："我不为这个人放声大哭，还能为了谁哭呢？"你看，孔子多么真实自然，情动于中，自然流露。

正如《中庸》里讲：喜怒哀乐之未发，谓之中；发而皆中节，谓之和。中，是指喜怒哀乐的情绪没有表现出来的时候；和，是指情绪表现出来了，但符合节度。情绪自然流露，不隐藏，不做作，不伤己，不伤人，这才是和谐的状态。

▶ **练习3 认识自己的情绪**

本练习的目的是让每个人觉察自己常有的情绪及其伴随的行为，借以更了解自己。

思考一下，自己最常出现的情绪是什么（正面、负面均可），并写出在何种情境下会有此情绪，以及此情绪发生时，自己在语言方面最常用的表达，在生理与非语言行为方面有何反应、变化与表现。

填写完毕，彼此分享，并讨论有何发现、有何感想。

最常出现的情绪	出现的情境	口语表达	生理与非语言行为
1. 开心	跟朋友吃大餐	好幸福呀	眉开眼笑
2. 生气	老公总不管小孩	凭什么都是我的事	咬牙切齿、呼吸加快、脸部涨红
3.			
4.			
5.			

第 4 节

情绪到底是什么

如果我们想知道现在房间里的温度，我们会使用温度计。如果把我们的心灵也比作一个房间，你想测量内心的温度，会用什么方法呢？某天早上你来到办公室，听说你们部门一位和你一起进公司的同事升职了，成了你的上司，你会有什么样的感受呢？你心灵房间的温度会升高还是降低？你和伴侣约好一起用晚餐，你等了半小时他还没有出现，这时你心里的温度又是怎样变化的呢？你心里的温度应该用什么来测量呢？如何才能够知道你此刻内心的温度是升高了还是降低了呢？

我们内在心灵空间的温度计就是两个字——感受。

感受和情绪又有怎样的关系呢？如果我们心里的感受是开心喜悦的、放松的，那么你外在的情绪表现也会是喜悦的、放松的。它们会具体表现在你的感官上，你的嘴角会上扬，眼睛会放光，声音变得高亢；如果我们心里的感受是紧张的，那么外在情绪表现就会是紧握双手，呼吸急促，声音也变得不稳定。

所以情绪与我们的内在感受有关：**情绪是内在感受的外在表达，感受在内，情绪在外，同步发生。**

感受可以分为舒服的感受和不舒服的感受，同理，我们会下意识地把情绪分为正面情绪、负面情绪。其实情绪本身无所谓正面或者负面，它是中性的，不会因为你喜欢或不喜欢它就发生改变。如果把某些情绪定义为负面情绪，其实恰恰是在暗示，自己这些情绪是不好的，我不喜欢，我不想要。凡是我们所抗拒的，终将持续，这些所谓的负面情绪，其实对于你来说有重要的意义，可以告诉你很多信息，我们将在后面的章节讲述这个部分。

所以我这里用舒服和不舒服来描述它们。令人舒服的情绪有开心、兴奋、喜悦、快乐、爱等，可以直接滋养我们的生命力，让我们感觉到生命的美好。不舒服的情绪有害怕、愤怒、羞耻、恐惧、悲伤等，会推动我们改变、成长，从不舒服中解脱出来。

情绪是与生俱来的，但情绪的表达方式却是靠学习得来的。既是通过学习得来，当然就可经由学习而改变或管理。

基本情绪是指生而具有的原始情绪，是不经学习即能表达的情绪。《礼记·礼运篇》对于基本情绪有如下的记载：何谓人情？喜怒哀惧爱恶欲，七者，弗学而能。古人认为这七种情绪是先天具有的，不必学习就会有。西方的有关学者主张，人有六种基本情绪：疑惑、喜爱、怨恨、欲求、快乐与哀伤。他们认定的基本情绪大多数与中国古人的看法相似，可见基本情绪是跨文化的、具有普遍性的。

　　除基本情绪外，还有很多在此基础上发展出来的复杂情绪，称为衍生情绪，比如羡慕、不安、焦虑、忧郁、羞愧、紧张、兴奋等。这些情绪通常都是好几种情绪的混合体，比如，忧郁里可能包含害怕、失望、无助等。对情绪的认知越清楚，情绪对我们的影响就越小。

　　情绪的物理本质到底是什么呢？它无形无象，很难用几句话来定义。情绪以能量或气的形态在身体中运行，不同的情绪有不同的运行方向。有一些情绪能量运行方向是自下而上的，比如愤怒，《黄帝内经·素问·举痛论》说"怒则气上"，当人愤怒的时候会发现身体中有一股巨大的能量气流直往上冲，一直冲到头部，使头发根都竖了起来，这就叫作"怒发冲冠"。方向向上的情绪还包括兴奋、激动、自豪等。

　　还有一些情绪能量的运行方向是自上而下的，比如沮丧，有一个词叫作"垂头丧气"，当人沮丧的时候，情绪能量运行的方向是自上而下的，头会垂落下来，感觉浑身没有力气。很多我们不喜欢的所谓负面情绪，其情绪能量的运行方向都是自上而下的，比如悲伤、失望、无助、难过等。还有一些情绪能量的运行方向是从后向前的，比如我们在生气、指责别人的时候，手指就会下意识地指向前方；还有一些情绪能量的运行方向是自前往后的，比如恐惧、惊慌、害怕时，我们会感受到身体自动向后退缩。

　　这里想强调一下，情绪的内容和情绪的能量是不同的，情绪的内容是指情绪是关于什么的，它包括情绪的名字、触发情绪的环境以及对这个情况的不同回应。例如：

焦虑——如果我没有足够的钱还信用卡怎么办？

伤心——我到底做错了什么，他要这样对我？

而情绪的能量是我们在身体内外层面的状态和感受。

我们往往习惯于解决外在的问题，却很少处理内在的情绪。比如，当没有足够的钱来还信用卡时，我们第一时间会怎么办呢？会迅速思考怎么解决问题，找谁借钱，怎么借，或者用什么方式快速筹到一笔钱。然后马上行动，几经周折，总算在还款日期到来之前还上了信用卡的钱。是的，外在的钱的问题解决了，危机解除了，但是，从没钱到借钱、还款的整个过程中，我们处理过身体内在因为这件事情而产生的那些焦虑、担心、害怕、烦躁、羞愧等复杂的情绪能量吗？它们会因为现在钱还上了就自动消失吗？当然不会。如果这些已经发生的情绪能量没有被处理，那它们在哪里呢？它们像垃圾一样被掩藏或压抑到身体和潜意识中，日积月累，越积越多。能量不可能消失，只可能被转化。当我们了解了情绪的本质，就要有意识地学习在身体层面清理不良的情绪能量。

也许你会觉得：哎呀，情绪太麻烦了，要是没有情绪就好了。假如没有情绪，我们的人生会变得更轻松快乐吗？

历史上还真有人这么干过。当时人们已经知道大脑的前额叶会影响人的情绪反应，为了治疗忧郁症等精神疾病，有医生开始尝试切除前额叶。然而，人们陆续发现手术后的病人变得无精打采、缺乏感情，没有什么情绪反应，无喜无忧，无悲无乐，甚至失去了自我。原以为是"奇迹手术"的前额叶切除术，顿时在全球遭到禁止。

原来，当一个人没有了情绪反应，没有了喜怒哀思悲恐惊后，生活并不会变得更加幸福；相反，生命会因缺乏体验而变得毫无意义。由此我们知道，情绪非常重要，它是生命的重要组成部分，无情绪，无人生。

总结一下本节的内容，情绪到底是什么呢？

一、情绪是人内在感受的外在表达。

二、情绪的物理本质是能量（气）。

三、情绪分为基本情绪和衍生情绪。

四、情绪是生命的重要组成部分，不可或缺。

练习4　情绪字典

当我们想找一个恰当的词语来形容或表达心情时，会发现用来用去都只是有限的几个，如生气、烦躁、开心、焦虑等。看来，我们对情绪的认知太少了。

现在请你想出更多的情绪名称，以便更恰当地表达情绪。

正面情绪：

_____

负面情绪：

_____

第 5 节

情绪能量的层级与分类

根据情绪产生的根源，可以把情绪分为三个层级：**意识层面的情绪、潜意识层面的情绪、无意识层面的情绪**。

意识层面的情绪多半与现实中即刻发生的人、事、物有关，我们可以清晰地感知是因为某件事的发生而产生了某种情绪。比如，一大早开车不小心被蹭了，感觉很恼火；点了个外卖，都一小时了还没送来，感觉特别烦躁、生气；打车上班，结果在路上堵了 20 分钟，迟到了，感觉又紧张又担心；明天公司开会，你要上台发言，现在发言稿还没写好，一天都在焦虑；年终考评你们部门没过关，大家都感到沮丧、失望。

情绪的层面

意识层面
心智
——→ 外在人、事

潜意识层面
身体
——→ 童年创伤、原生家庭

无意识层面
系统
——→ 家族系统

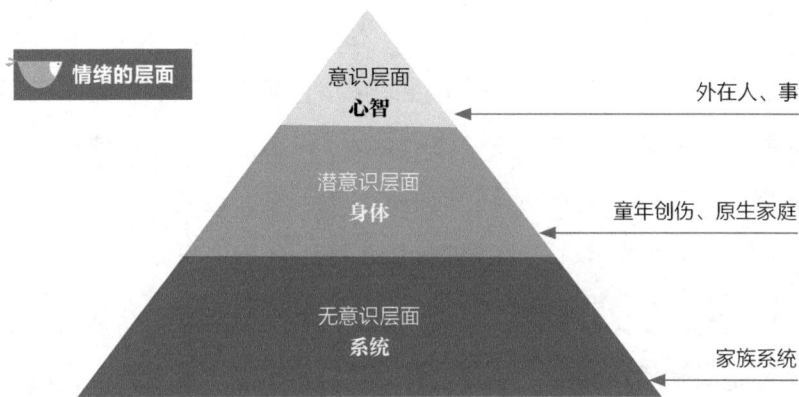

　　这些情绪与当下发生或经历的事情有很大的关系，它们来得快，去得也快，而且通常是一次性或阶段性的，事情过去了，情绪也就慢慢淡了，再过段时间，想起这件事，情绪反应并不大。相对而言，意识层面的情绪是比较容易处理的情绪，第 2 章我们会讲解具体的处理方法。

　　潜意识层面的情绪相对复杂，主要和我们的原生家庭及所经历的创伤事件有关。童年时，我们常常不得不屈从于环境和养育者的教养方式，或者面对很大的竞争压力，那些因此被压抑的感受、未被充分表达的情绪、重大生活变故等引发的情绪，都会变成碎片，存储在我们的潜意识中。这些碎片存储了大量被压抑的情绪，比如，你是否会有不知缘由的悲伤、莫名的孤独、无名火、下意识的担心和害怕、经常性的紧张和焦虑等，这些情绪并不一定是由当下的场景或事件引发的，你自己也不知道为什么总是这样，但它们总会不请自来、不期而至，而且一旦来了，持续的时间又会比较长，有时几小时，有时几天，甚至更长，极大地影响了自己的生活状态。

这些反复发作的具有强迫性的情绪，其实是我们的内心在不断呼喊，邀请我们去关注过往的心结、未被满足的期待或曾经的伤痛。我们总以为时间可以抚平过往的伤痛，但其实时间只能让我们与伤痛和平共处，却不能让伤痛完全消失。

凡是涉及父母关系、伴侣关系及亲子关系的冲突与情绪，多半都是潜意识层面的，表面上看，其与当下发生的事有关，而实际上却是因为它触及了我们内在的深层次的创伤，所以引起的反应会比较大，伤害性和影响力也更大。我们用处理意识层面情绪的方式来处理潜意识层面的情绪往往收效甚微，因为它们被压抑得太深，被遗忘得太久，需要借助一些专业技术，才能安全地一点点地深入那个柔软易受伤的内心角落。就像如果我们身体的病变是来自身体内部，我们就无法自行完成一场治疗的手术。我们将在后面的章节介绍如何处理潜意识层面的情绪。

无意识层面的情绪则更为复杂，它和我们的父母、祖先、家族以及更大的系统相关，具有极大的遗传性和延续性，它可能并不来源于你人生任何一段亲身经历，它在你出生之前就已经存在于你的家族系统里了。这些情绪并不属于你，但你会受它的影响，在家族系统排列学中，这被称为"转移情绪"。表观遗传学研究成果也揭示了这类情绪在基因层面的家族延续，所幸很多相关领域的专家们通过不断深入研究和临床试验，已经发展出相应的可以帮助我们处理这方面情绪困扰的技术，对此我们在后面的章节会加以介绍。

　　情绪的能量层级理论是美国著名的心理学家大卫·R·霍金斯在其研究中提出的。他通过仪器测试在不同情绪状态中的振动频率，以此为依据标出了各类情绪的能量值，越高振频的情绪赋予我们越多的美好感受，处于高能量振频状态的人更容易感知世间美好的事物，也更容易获得某个领域的成就，对社会做出更大贡献。当人的能量层级达到 200 以上时，我们才有勇气和动力去发展自己，促进自己成长。而处于低能量振频状态的人很容易失去动力，一个人的能量层级如果低于 200，就开始经常性地感到疲惫，无心做事，消沉。而当能量层级低于 75 时，人们常常会表现出抑郁的状态，严重地损害我们的身心健康。长期处于低能量振频状态的人，生活的各个层面都容易出现问题，所以能量值 200 是一个分水岭，它决定我们的生命是向着更有活力、更幸福、更成功的方向，还是走向低迷、抑郁和消沉。当我们感受到爱与被爱的时刻，能量层级高达 500，这也是推动人类社会进步和发展的动力。

　　接下来我们来看看大卫·R·霍金斯定义的不同能量层级的情绪感受分别是什么吧！

　　羞愧（20）：羞愧是能量层级最低的情绪。有个词叫作“无地自容”，就是在描述羞愧者的状态：恨不得找个地缝钻进去，或者希望自己能够隐身。长期处于这种情绪状态会严重破坏身心健康，严重的还会让我们生病。

　　内疚（30）：内疚情绪的能量层级之低仅次于羞愧，它是对自我的攻击、批判。内疚往往会引发一系列的负面情绪，如自责、懊悔等。

冷淡（50）：冷淡意味着无助，对世界失望，丧失信心。冷淡者往往为生活所迫，受尽现实压迫，凡事都漠不关心，认为没有期待就不会有失望。冷淡者将自己禁锢在狭小、安全的世界中，生命能量也被压抑在自己制造的牢笼中。

悲伤（75）：悲伤意味着丧失和分离，失去了重要的人、事、物，就会感到无力、失落。对于所失去之物依赖越多，悲伤也越深。

恐惧（100）：恐惧源自极度的不安全感，在恐惧的能量层级中，世界充满了危险、陷害和威胁。它会阻碍我们敞开胸怀，妨碍个性的成长。恐惧者会将意念集中在寻找那些威胁自己存在的可能性，在意象中制造威胁自己的敌人。恐惧阻碍了能量的提升，让人无法感受到其他美好的情绪。

欲望（125）：欲望是推动人类行为的动力，欲望过多或者过少都会对人产生一些负面的影响。我们会被欲望推动，付出大量努力达成目标，但欲望可能发展为贪婪，极大地消耗我们的生命力，使我们无法关注更为广袤的世界。

愤怒（150）：愤怒是欲望层级之上的能量，当欲望不被满足的时候，愤怒便应运而生。愤怒的不稳定性很容易导致憎恨和复仇心理，而这些具有破坏性的情绪会逐渐侵蚀我们的心灵。

骄傲（175）：比起负向能量层级中的其他情绪，骄傲是相对积极向上的能量，它可以带给人比较正向的感受。但同时它也是不稳定的，因为它是建立在外部条件之上的感受，一旦外部条件不允许，就会掉入更低的能量层级中。而为了能够保持这种相对良好的感觉，人很容易在防御和攻击中自我膨胀，最后演化为傲慢，这些都会阻碍我们往更高的能量层级成长。

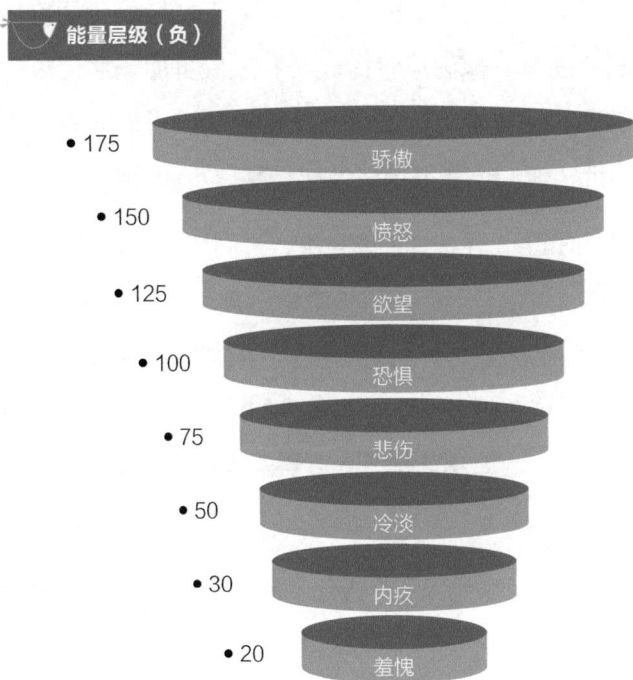

能量层级（负）

- 175 骄傲
- 150 愤怒
- 125 欲望
- 100 恐惧
- 75 悲伤
- 50 冷淡
- 30 内疚
- 20 羞愧

勇气（200）：进入勇气这个能量层级后，我们开始有力量去给予和回馈他人，感受到更多价值，也越发有能力拓展自我，果断决策，把握机会，获得成就。

淡定（250）：处于淡定的能量级可以让我们灵活、无分别地看待问题。我们的精神领域得到了发展与拓宽，我们开始可以看到更多可能性；同时这也意味着我们不再恐惧挫败，内心坚实而稳定。淡定也是一个有安全感的能量级，到了这个能量级的人们，可以自然地与各类人相处，淡定从容，并且能让他周围的人感到温馨、可靠。

主动（310）：在这个能量层级中的人更加积极为他人和社会做贡献，更关注人类共同的事业，致力于创造更多的价值，推动人类文明的进步。他们自我的成长和发展更加畅通无阻，他们会积极地学习和寻找资源，很容易获得社会认可的成就。即便遭遇重大的挫折，他们也能够很快做出调整，重新起航。

宽容（350）：在宽容的能量级，人们开始意识到自己才是自己命运的主宰，可以全然为自己负责，不再向外寻找原因，所以没有什么"外在"的人、事、物能影响其内在的感受和体验，人们可以主动地选择爱或者被爱，不再靠他人的给予来满足自己。宽容意味着我们能认清生活原本的样子，不再陷入自己虚构的故事情节中，可以如实地活在当下。

明智（400）：明智是进入超然状态的能量级，这里也是科学家的能量层级。处于这个层级的人们开始关注宇宙的真理，并且在探究真理的路上不断获得动力。

爱（500）：爱是通往更高维智慧的通道。当人们处于爱人爱己的能量状态时，强大的驱动力便源源不断地涌现出来，我们可以轻松地在不消耗自己的情况下给予他人馈赠。

喜悦（540）：喜悦是一种由内而外发生的持久的美好体验，与欲望满足时获得的快感不同，它拥有更强大的精神动力，这种动力滋养着我们的生命。喜悦使人们更倾向于追求美好的事物，渴望真善美。

平和（600）：在这个能量层级人们看待事物的方式不再局限于简单的理性分析的层面，进入更深的、无法言语化的超意识共振当中。能够到达这里的人非常稀少。内在与外在的区分在这里消失了，人们开始用精神去感受世界。

开悟（700—1000）：这是产生强大灵感的能量级，达到这个能量级的人足以影响全人类的发展，是人类意识进化的顶峰。

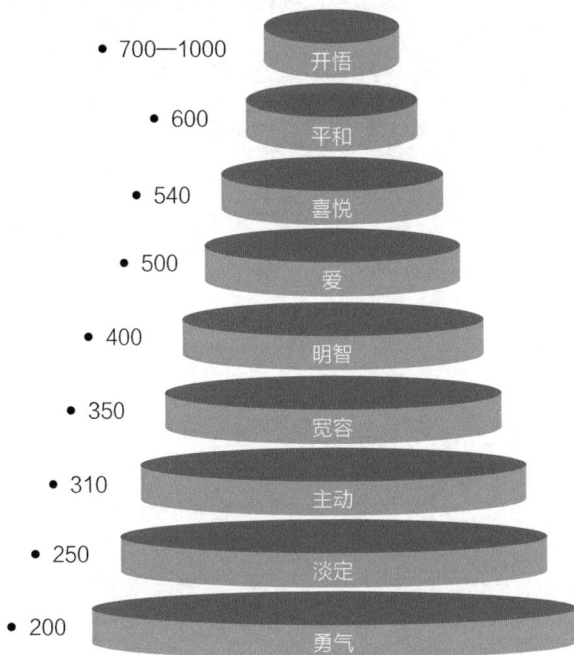

了解了情绪能量层级分布，可以自我评估一下：我目前在哪一个层级？我接下来要上升的层级是什么呢？

练习5　话说童年

一、回顾并写出三个你在生活中常常反复出现的潜意识情绪。

二、认真感受一下，这些情绪最早出现在你成长的什么阶段？童年时期，发生什么事、面对什么人会引发相同的情绪？

三、当你想到这些过往时，内在的情绪感受是什么？

四、现在的生活中，什么人、什么事会触发你相同的情绪呢？

五、你是如何处理这些情绪的呢？

六、与你的小组成员分享自己的觉察。

第 2 章

处理情绪

如何有效应对不同层面的情绪

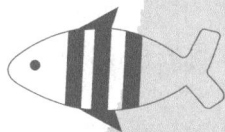

面对情绪，我们除了发泄、压抑、逃避，还有什么办法？

情绪就要爆发了，怎么快速"泻火"，恢复平静？

总是莫名地感到悲伤无助，不自觉地掉到情绪的旋涡里，

我该怎么办？

第1节

处理情绪的三大误区

我的一位学员是一名医务工作者，她在工作中总会遇到一些"难缠"的病人。有时候因为等的时间久了，或者没有能及时得到回复，病人就会骂她。每当这样的情况发生，她就难以抑制心中的焦躁，无法安定心神，对工作心生恐惧，越来越缺乏耐心。她也知道自己的情绪出了问题，却不知道该如何处理。

是的，影响我们心情的事情有很多，每当有不良情绪升起，我们第一时间总是想方设法地控制它，生怕它跑出来；或者试图在处理事情的层面去解决问题，以为问题解决了，情绪也便得到了解决。真的是这样吗？

下面来看看我们经常用来面对情绪的方式。

战斗姿态： 我们拥有远古时期人类遗留下来的一套生存法则，一些不好的感受提醒我们可能面临巨大的威胁，能激起我们战斗的欲望。如果一个人的内在感受是痛苦的、不舒服的，就会激起他本能的对抗反应，表现形式包括攻击、评判、命令、指责、吼叫、咆哮、漫骂、打架、摔东西等，我们将这种方式称为"战斗姿态"。

　　这种方式通常让人不敢靠近我们，势必会造成人际关系的紧张。这类人独立自主，有领导才能，能量充沛，相对自信，在工作或生活中通常承担很多，内心孤独，害怕失去控制，不信任他人，有被压抑的无助感，却习惯将无助感变成愤怒表达出来。常见的躯体反应有肌肉紧张、背部酸痛、循环系统障碍、高血压、心脏病、甲状腺疾病、关节炎、便秘、气喘等。

　　逃避姿态： 有一些人面对自己不喜欢的情绪时会选择回避，忽视这种感受，假装这种情绪不存在，或者用各种方式转移自己的注意力：女人通常会暴饮暴食，吃高糖、高热量的食物，或者购物、追剧，男人会通过抽烟、喝酒、打麻将或玩游戏等行为来麻痹自己，暂时不去面对。还有一些人会通过沉浸在工作中，把注意力都集中在忙各种事情上，回避那些令其不舒服的感受。在人际关系里，他们害怕冲突，会为了维持关系而逃避内在真实的感受，习惯闪躲，避重就轻，不愿沟通。

　　情绪能量一旦产生，不管你看或者不看，它都在那里，不会因为你不看它就消失。你越逃避，越不去看它，潜意识判定你没有接收到信息，会发出越强烈的信号让你看到它，最终甚至发展成为某种特别的病症来提醒你。与之相应的躯体反应有内分泌疾病、血液病、心脏病、胸背痛等。

　　压抑姿态： 有些人态度平和，善解人意，常常会讲述自己的委屈和伤痛，但却很少表现出愤怒。有一个词特别适合描述这种状态——"忍气吞声"。当他们感觉情绪要冒出来的时候，就深吸一口气，把冲到嘴边的那股闷气给憋回去。他们的疲惫往往源于心理能量的超负荷，那些被拼命压制住的愤怒和满腹的委屈会消耗大量的生命力，而内心的疲惫非常容易破坏他们的免疫系统。

这种状态可能造成的身心反应有神经质、抑郁等，躯体反应有消化道不适、胃疾、恶心呕吐、糖尿病、偏头痛、便秘等。

以上就是我们惯用的处理情绪的方式，大多数人是几种方式混合在一起，在不同的场合对不同的人用不同的方式，或者对同一个人在不同的情境用不同的方式。不过这三种状态中，一定有一种主要的方式是你最习惯运用的。

如果不战斗、不逃避、不压抑，我们可以怎样应对情绪呢？

想象你被关在一间黑屋子里，没有窗户，也没有任何可以逃跑的路径，门被紧紧地反锁着，更不幸的是这间屋子里同时还关着一头狮子。你无法逃走，你能做些什么呢？你唯一可以做的就是看着它，和它待在一起。其实最可怕的并不是被狮子吃掉的瞬间，而是因为幻想着被狮子吃掉而产生的巨大的恐惧。当我们面临这样的状态时，我们必然会感到恐惧。但当你发现无论做什么都无法避开你所恐惧的东西时，你唯一能做的就是面对它。而当你真正面对它时，才会发现，原来那只是一头石狮子！其他臆想都是恐惧创造出来的！

那头狮子就是我们的情绪，我们不用逃避它，也不用想着打败它；跟它待在一起，承认它并和它共处一室，真正面对它，充分体验那份情绪，这才是真正在处理情绪。

想象你此刻正蹲在一条小河边玩水，一朵美丽的莲花顺流而下，流经你的手，你第一时间会想干吗？当然是伸手，拿起这朵花！因为你想要！我们对美好的事物总是想要拥有。现在想象你还是在河边玩水，这次顺水漂过来，流经你的手的不是花朵，而是一坨粪便，请问你第一时间会想干什么？退后已经是第二反应了，其实我们的第一反应是推开它。我们对讨厌的事物总是想要排斥，可是当你伸手推粪便时，双手恰恰会沾染粪便，你越想抗拒，越会被裹挟。

这里的粪便就像我们所讨厌的情绪，越是排斥它，越是想推开它，越容易被它影响。那最好的处理方式是什么呢？回到那个画面，你的手边流经一坨粪便，现在，不再出手推开它，只是看着它，让它顺水而下，任它来，随它去，这就是接纳。因为情绪能来就能走，你要做的，只是允许和观察，这就是如实如是地接纳自己的情绪。

练习6 照镜子

一、当你面对情绪时，通常有什么反应？请写下当你有下列情绪时的行为表现或反应。

① 快乐：

② 生气或愤怒：

③ 委屈：

④ 悲伤：

⑤ 恐惧：

⑥ 忌妒：

⑦ 挫折：

二、写毕，大家一起讨论以下问题，并分享心得。

① 当你有这些情绪时，你有何反应或行为产生？

② 为何是这样的反应或行为表现？它们受何因素影响？

③ 你的反应与其他成员的反应有何相似或不同之处？你认为这代表什么？

三、彼此讨论并分享，你有何学习体会或心得。

第 2 节

正确处理情绪的七种方法

幸运的是，就像大自然拥有净化的能力一样，我们天生便具有一些天然的安全释放情绪的方法，它会帮助我们自动释放一部分情绪的能量，只要能量不超出一定的范畴，身体会自发地通过一些方法舒放情绪，恢复平衡。

1. 哭笑皆是方法，文字也有力量

第一种方式："哭"。

每个人都会哭，但是如何哭才能更有效地舒放情绪呢？

选择一个没有人的地方，让自己大哭一场，哭的时候你可以放开声音，让气从丹田发出来，震荡心肺，号啕大哭，这种哭会帮助你带出卡在身体中的情绪能量，使之充分释放。小孩子就是用这种方式来处理情绪的，所以他们大声哭完后，身心舒畅，马上进入当下的快乐。

一些传统思想会告诉我们"哭是软弱的表现"，所以很多人都会觉得哭是一件很丢脸的事情，其实内在真正有力量的人敢于接纳自己的脆弱，勇敢并不是没有脆弱，而是在自己脆弱的时候依然愿意面对。

第二种方式："笑"。

有一次我被邀请做一个女性论坛的演讲嘉宾，同台演讲的一位老师讲到如何用笑来释放情绪和治病，据说他用笑疗的方法治愈了很多重症病人。他分享的那些配合笑的体势和动作，的确可以帮助人们快速地打开胸腔、腹腔、喉腔，再通过哈哈大笑的方式让情绪的能量得以流动和释放，所以，人们常说笑治百病是有一定道理的，气血舒畅，自然身心愉悦，病也容易好。在心理学的研究中有一种"心理假动作"，就是让我们刻意的行为反作用于内在的情绪感受，所以当我们有意识地练习笑时，情绪也能以一种积极、自然而然的方式释放出去。你不可能一边开心地笑，一边持续地感到沮丧，所以笑着笑着，感觉好像就没那么糟糕了。怎么笑呢？琢磨一下这些词就知道了——哈哈大笑，仰天长笑。

第三种方式："梦"。

你在梦中体验过特别强烈的情绪感受吗？那种感受醒来后仍感觉很真实。做梦是我们的潜意识在帮助我们释放情绪，白天压抑下来的细微的情绪，会在梦中以独特的隐喻或故事的方式呈现出来，并且不用受到来自"道德自我"的评判。所以在梦里经历的悲伤、愤怒或者恐惧，也是在提醒你，需要好好地关照自己忽略已久的情绪了。

除了以上三种天然释放情绪的方法以外，我们还能通过什么行为安全地释放身体里的情绪呢？

第四种方式：文字。

既然情绪的本质是能量，不能被消灭，那就将其转化为其他形式的能量。

我们可以用文字释放自己的情绪，比如写日记。

当你感到不开心的时候，可以选择一个安静的角落，告诉家人不要打扰你，然后给自己一点时间独处；还可以选择一首符合你心境的音乐，让自己沉浸在情绪中充分地体验它，然后用文字记录下此刻内心的所思所想。不用在乎修辞手法，也不用管是否有逻辑，想到什么就写什么，直抒胸臆，卸下成人状态的优雅面具，不装不藏，任意书写，甚至骂几句脏话、甩几句狠话，这些都是可以的，你可以完全接纳这个状态。

写完日记后把它保存起来，三天之后再拿出来看，这是一个非常好的认知自己的过程，可以思考当时的自己为什么会有那样的情绪，以及在这些情绪下会产生怎样的想法，从中看到自己的思维模式和情绪反应模式，进而更深入地觉察自己。

文字的表达可以参考以下三种方式。第一种是直接用情绪的名称来表达，例如"我很伤心／生气／失望"等。第二种是用描述性的语句来表达，例如"我的心里七上八下，我好像被关在一座荒岛上，我感觉有一千只蚂蚁在心里乱爬"等。第三种是用描述你想要做什么来表达情绪，例如"我真想揍他一顿，我好想哭，我真想从这里跳下去，我想大声唱歌"等。

除了写日记，还可以写诗词歌赋。创作诗词的过程，不仅是释放情绪的过程，更是升华了这一行为的意义，中国古代的文人墨客常用这样的方式抒情达意。"十年生死两茫茫，不思量，自难忘。千里孤坟，无处话凄凉。纵使相逢应不识，尘满面，鬓如霜。"每次读苏轼的这首纪念亡妻的词，人们就能深深共情到他的那份悲伤与难舍，想必苏轼也是无数个夜晚不断咀嚼那些难以诉清的悲恸情绪后，才写出了这首千古绝句的，这不正是充分体验和释放情绪的过程吗？

我记得在 20 岁那年的春节，母亲突遇车祸意外身亡，在这个突如其来的巨大打击下，我整个人崩溃了，一个月暴瘦了 10 多斤，待在家里，神情恍惚。有一天晚上，我突然萌生了一个想法，特别想写一篇纪念母亲的文章，于是我开始动笔。可每次开始写，我都泣不成声，泪湿纸巾，写下的每一个字每一句话，都是在一次次体验悲伤与难过。那篇文章我用了三个月才写完，后来发表在一个文学刊物上，母亲逝世周年祭时，父亲在母亲的坟前将这篇文章读给在场的亲友，所有人都潸然泪下。神奇的是，文章写完后我整个人才得以平静下来，能够接纳母亲离去的事实。当时我并没有学过心理学，但无形中却用写作的方式完成了自我的情绪疗愈。

第五种方式：将情绪能量转化为声能。

心情不好的时候，你会去 KTV 唱歌吗？我们可以用唱、喊、吼的方式将我们的情绪能量转化为声能释放出来。

选一首符合你当下心情的歌，借着些许醉意陶醉忘我地演唱，那些情绪也会随着歌声慢慢地释放出来。哪怕五音不全，荒腔走板，哪怕声嘶力竭，乱吼一通，情绪都能得到很好的释放。

倾诉或吐槽，这是非常适合女性的方式。你可以找一位信任的朋友或者闺密倾诉，你讲完一通后，虽然什么事也没解决，但心情常常就好多了。如果你经常情绪不佳，那最好多交几个闺密，这样可以避免把所有的情绪垃圾全丢给一个朋友，导致她"消化不良"。

第六种方式：将情绪能量转化为动能。

将情绪能量转化为动能就是在运动的过程中释放情绪，当情绪卡在身体里时，身体会处于一种僵硬紧绷的状态，而适量的运动则能帮助身体从紧绷状态放松下来，情绪自然也就释放了。

我们可以选择一些没有破坏性的运动方式，或者参加某种体育竞技活动，这尤其适用于男性。有研究表明，男性比女性更容易压抑自己的情绪，他们释放情绪的方式主要是运动，如打羽毛球、踢足球、打高尔夫球、跑步等，这不仅可以让身体得到锻炼，同时又可以帮助他们安全地释放情绪。

瑜伽和太极也是动能转化中非常有效的运动方式，这两种运动强调身心内外整体平衡，提倡调息、修心、养生，畅通经络、血管、淋巴及循环系统，通过生理改变心理，能够有效缓解焦虑和紧张情绪，所以备受大家青睐。

第七种方式：呼吸冥想。

呼吸冥想是将注意力集中在呼吸上，同时在呼吸的过程中感受我们身体的感觉，以此得到身心平静的过程。

在当今社会，呼吸冥想被广泛运用于缓解压力、放松身心的练习上。让自己待在一个安静的环境下，闭上眼睛，用专注于呼吸的方式进行冥想练习，能够有效地清理我们大脑杂乱的思绪、翻涌的情绪，重新回归平静的内心。我们可以把冥想想象成给大脑做保健，舒展思维，增加韧性。

通过冥想感知自己的思绪，就像你站在马路边，看着来往的车辆。你可以看着车来车往，但是你不会坐上任何一辆车，只是观察。冥想能够帮助你更好地观察自己的思想和情绪，但同时又不会被它们带走。通过这样的练习，即便在平时的生活中你也可以让自己保持身心平和的专注状态。

通过仪器观察大脑活动规律的脑科学实验证明，冥想可以有效缓解情绪，并提高人的反应速度、记忆力、专注力，改善睡眠。并且，想达到这些效果并不需要经过漫长的练习，中国神经信息学家唐一源博士做过的一项研究显示，每天接受20分钟冥想训练，持续5天，便可以显著减少造成压力的皮质醇的分泌。

这一节我们从身、心、脑三个层面介绍了七种安全有效释放情绪的方法，这些方法可以帮助我们充分地体验情绪。但这只是正确处理情绪四步中的第三步，下面我们来总结一下完整的四步。

2. 正确处理情绪的四步

正确处理情绪包括四个步骤：**觉察、接纳、体验、观照**。

觉察就是看见情绪的升起。你不能在情绪的风暴席卷一切的时候才看见它，要在它最初升起的时候就看见它，这需要具有一定的警觉，也是一个长期有意识训练的过程，从对情绪的后知后觉做到能够当知当觉，进而达到先知先觉。

接纳的意思是不管什么情绪，都允许它出现，不带任何评判、控制、抗拒、改变，只是让它待在那儿。这就好像看见自己家那个调皮的孩子，不要马上制止，而是允许他此时此刻就是你看到的样子，这就是接纳。

《菜根谭》里有句名言：风来疏竹，风过而竹不留声；雁渡寒潭，雁去而潭不留影。故君子事来而心始现，事去而心随空。轻风吹过稀疏的竹子固然会发出沙沙的声响，可是当风吹过去之后，竹子并不会留下声音而仍旧归于寂静；大雁飞过寒冷的深潭虽然会倒映出影子，但是当大雁飞过去之后，潭面并不会留下雁影。懂得情绪管理的人，不会害怕情绪的到来，来时不迎不拒，去时不推不留，让它来，随它去。

体验情绪就是经验和释放情绪，通过上面所讲的七种方式充分释放情绪，让它像火焰一样，燃烧殆尽。体验情绪时可以观察情绪发生的过程中我们身体各部分肌肉、组织、器官的变化，更重要的是观察呼吸的变化。只感受这些变化，不用评判它。

最后一步是**观照**。观照就像摄像机的镜头由近到远变化的过程：当你的视角越来越远，越来越高时，你可以看着情绪慢慢地变小，仿佛和自己无关。这时你便可以一边有情绪，一边觉察自己正在有情绪；你可以一边发脾气，一边意识到自己正在发脾气。

这是一种非常奇妙的感觉，你感受情绪的同时，又抽离出另外一个自己，好像站在旁观者的角度，从更高的位置看着你正经历的一切，你会发现有两个你同时存在，一个是被情绪控制的你，另一个是抽离出来旁观的那个智慧的你。当你这样做的时候，那份情绪就已经少了很多。

然后，通过调整呼吸让自己慢慢地处于一个相对平静的状态，你可以问问自己的内心，到底是什么触动了自己，引发情绪的原因是什么。如果你能够觉察原因，就进入了更深的自我探索。

练习7　打开百宝箱

一、当你情绪不佳时，你会运用哪些方式处理？你的体验是什么？

二、扫描二维码，静心体验情绪定频冥想，分享自己的感受。

第 3 节

快速稳定情绪的八种心理技法

在这一节，我分享八种常用的可以快速清理负面情绪的心理技法。无论是你自己处于情绪状态，还是帮助身边的亲友处理他们的情绪，都可以借助这些专业技法快速有效地稳定情绪。

方法一：混合法。

混合法是神经语言学中的内容，它运用中医的原理和西方的运动心理学的机制，适用于处理情绪异常激动、难以自控、当事人感到非常愤怒的情况。我们可以把右手放在处理对象大椎的位置（靠近我们颈椎突起的部分），只是将手平稳地放在这里，不需要做任何动作；然后伸出左手的拇指和中指，分别放在眉毛中心的上端；两只手就位以后，通过语言引导对方做缓慢的呼吸，深深地吸气，缓慢地吐气，持续做三次呼吸，使气息变得平稳。这是一种非常好的可以让人情绪快速稳定的方法。通常引导 2 分钟左右以后，情绪失控者的呼吸就会逐渐变得平稳，激烈的情绪也会随之安定下来。

方法二：生理平衡法。

生理平衡法也属于神经语言学中的内容，它经常被运动教练使用，是稳定运动员的情绪状态，使之发挥出最好水平的方法。生理平衡法非常适用于一个人感到烦躁、焦虑、恼火以及思维混乱的情况，对失眠也有非常奇特的效果。通过这个练习，可以有效地帮助我们理清思绪，稳定情绪。

当你准备好做这个练习时，向前伸出双手，掌心相对，然后反手交叉（注意自己的哪只手是放在上面的）；然后大拇指向下，两手交叉后掌心相合，向内转圈，双手交叉紧握，回到胸口的位置。接下来是脚的动作，刚才哪只手放在上面，那么双腿交叉的时候，对应那边的脚就在上面。当身体的这些动作准备就绪了，就用舌尖抵住上腭，闭上眼睛深呼吸 2 ~ 3 分钟，将注意力放在呼吸上，感觉手接触的心口的位置。这个方法可以动用全身的能量，通过呼吸建立内循环，使你慢慢归于平静。

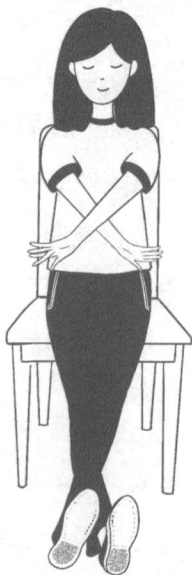

在做这个练习的时候，既可以躺着，也可以站着或者坐着。当一个人处于混乱状态时，比如在参加一些重要活动之前，内心紧张、害怕，身体发抖的时候，通过这个练习可以在很短的时间内让自己平静下来。

方法三：海灵格法。

海灵格法是著名心理学家、家族系统排列的创始人伯特·海灵格创造的方法。海灵格先生在处理个案时，经常遇到案主情绪崩溃的情况，于是他创造了这种可以迅速安抚当事人激烈情绪的方法。当案主情绪崩溃的时候，海灵格会引导他们睁开眼睛，呼吸。当一个人闭着眼睛陷入情绪中的时候，就会完完全全地掉落到这个情绪和场景当中无法自拔，当海灵格让他们睁开眼睛，保持呼吸的觉察的时候，案主就可以从自己的内在世界出来，与外在世界连接。接下来，海灵格先生会引导他们，可以哭，但同时张大嘴，深呼吸。此时，用嘴巴吸入大量的氧气，让身体获得足够的能量，就可以渐渐舒缓和平静下来。

方法四：接纳自我法。

接纳自我法是一种非常适合自己在家里训练的方法。当你准备好时，可以回想那个最近经常出现的一直困扰你的负面情绪，此时，你可以评估一下这份情绪，并且给它打个分（10 分制）。接下来用手找到锁骨和胸部中间的位置（那里是我们的肺部），然后用手指尖按压这个部位，看看按压哪个点时会感到酸痛。如果有酸痛的感觉，可以用手指轻柔地按压、疏通这个部位；如果没有，那么可以换成掌心按压。然后闭上眼睛，一边通过手指或者掌心不断按压这个部位，一边重复地对自己说"我深深地爱与接纳我自己，虽然我……"，接着说出刚刚自己评估的情绪，比如可以重复说"我深深地爱与接纳我自己，虽然我很愤怒"。然后感受自己的身体，当发觉有情绪涌上来的时候，做深长而缓慢的呼吸，让那些情绪通过自己的呼吸得以释放。

方法五：中线疗法。

中线疗法是我们在日常生活中常用到的抽离情绪的方法。当人际关系矛盾触发了情绪的时候，你一定会感到在这个情绪中非常难受，十分痛苦，但又不知道该如何从情绪中走出来。这时候你就可以用中线疗法，快速帮助自己从情绪中脱离出来。

具体做法：到一个没有人的地方，伸出自己的食指，用指尖不断轻点眉心，重复说出自己的情绪，比如"我很烦躁"，至少这样做三遍；然后将手指换到第二个位置，就是嘴巴与鼻子之间的人中穴，继续用指尖轻点这里，并且不断继续重复说出自己的情绪；接下来将手指移到中线的第三个位置（承浆穴），就是下巴和下嘴唇中间的凹陷处，用指尖轻点这里，继续重复说出自己的情绪；最后来到第四个位置，也就是心口，用指尖轻轻地点着这里，重复说出此时你正经历的这份情绪。只需要按照这样的顺序重复几遍，2～3分钟后你就可以从那个令人难以自持的情绪中抽离出来了。

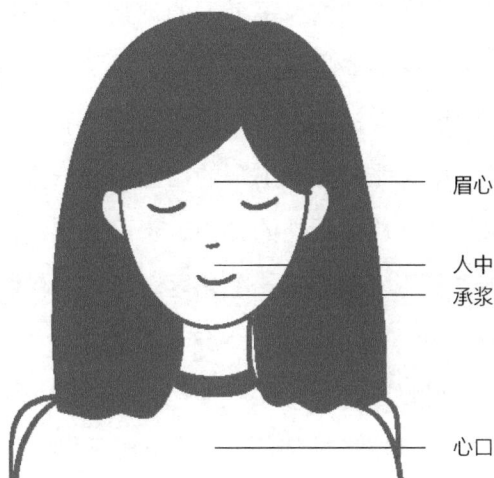

眉心

人中
承浆

心口

方法六：现场抽离法。

现场抽离法是对情绪的一种觉察训练。我们通过不断地觉察和练习，可以抽离出一个观察的我，观察的我时刻保持觉知，知道此时此刻正发生着什么。

可以找一个位置坐下，通过深呼吸放松自己的身体，然后感受自己在这个位置时的状态。接着你可以站起身，走到对面距你这个位置一米的距离，回头看着你原先坐的位置，闭上眼睛，想象刚才坐在那个位置上自己的样子，这时你仿佛可以看到你就坐在对面那个位置上，你可以看到自己的姿势、面部表情以及衣服的颜色。请记住你站着的位置，记住你站在这里的场景。睁开眼睛回到最先坐着的位置，继续闭上眼睛，想象你站在自己的对面，仿佛可以看到刚才站在一米外的自己，你可以看到自己站立的姿势、表情。

这是一种内感官的训练，每个人的觉察力都是不同的，所以开始训练时完全无法抽离也是很正常的，只要经常练习，每个人都可以做到不同程度地抽离，分离出作为观察者的你。如果更深一步，你还可以想象那个抽离出来的自己飘到一个更高的位置，从那里俯瞰你自己以及你所处的环境，还可以看到你身边其他的人，可以看到这个环境中的每一个角落。这个时候，我们就变成了两个自己，一个是"情绪的我"，这个我是和情绪合为一体的，他深深地和情绪纠缠在一起；另一个是"智慧的我"，他可以理智地看待自己，可以帮助"情绪的我"处理当下所经历的情绪。"智慧的我"不仅可以看到"情绪的我"，还可以看到身边其他的人，听到他们的声音。运用智慧的我、理性的我、思考的我，观察那个有情绪的我，以及我所处的环境当下发生了什么，这便是觉察。

方法七：渐进式呼吸放松法。

渐进式呼吸放松法是催眠技术中引导情绪释放的身心放松技术。它的原理是通过从头到脚每一个器官的紧张—放松交替进行，通过一松一弛的状态对比，深度放松我们的身体和情绪。它非常适合一些由情绪导致身体症状的情况。你可以通过我的音频的引导来做这个练习。

方法八：舒适岛呼吸法。

舒适岛呼吸法和渐进式呼吸放松法都是可以作用于身体层面，清理情绪的方法。我们可以闭上眼睛，有意识地扫描自己的身体，看看身体的哪个部位感到最舒服；然后继续扫描身体，再找到一个令你感到最不舒服的身体部位。关注自己的呼吸，深深地吸气，缓慢而深长地吐气，想象你的气息从最舒服的位置吸进来，又从身体最不舒服的位置呼出去，感觉气息在这两个部位间流动。保持这样的呼吸和观想，循环持续 3 分钟后，再重新感觉那个令你十分不舒服的僵硬、紧张的部位，看那里是否已经得到了很好的放松，那些不舒服的感觉是否缓解，甚至慢慢消失了。

练习8　做自己的疗愈师

一、两个人（A 和 B）组成一个小组，A 做助人者，B 做体验者，从八种方法中选择任意一种来协助对方。A 用语言带领 B 做练习，然后分享各自的感受。

二、角色互换，重复上一步。

三、在团体中一起跟随音频的引导做"渐进式呼吸放松法"练习，并分享感受。

第 4 节

藏在潜意识情绪背后的"心理按钮"

你有过这种时候吗？听到别人说的一句话或者遭遇某一件事后，就像有东西突然撞到自己的伤口一样，感觉痛得不行，从而情绪失控，暴跳如雷或者感到极度受伤。

为什么别人的一句话、一个行为会引起你那么大的情绪反应？我打个比方，假如现在你的肩膀上有一个伤口，我撒点盐上去，你会觉得好痛，然后你会怪我，认为都是因为我撒盐才让你这么痛。但关键是，假如你的肩膀上没有那个伤口，我撒再多的盐你也不会痛，对吗？其实情绪只是一个提醒，那个旧伤口才是重点，要检查一下自己的内在，思考一下：我究竟有什么样的陈年旧伤又被别人撞到了？我的心理按钮是什么？

"心理按钮"是我们在成长过程中遭遇的一些令我们印象深刻的事件，当时的场景触发了我们巨大的情绪感受，伤害到了我们，但是我们因为各种原因没有适当地处理它，于是这些情绪感受就像被封存的印记一样留在我们潜意识中。现在，别人说了某一句话或者做了某一件事，一不小心触动了这个印记开关，就唤醒了埋藏在我们身体中的情绪能量，这种情绪能量不可抑制地爆发出来，于是我们的大脑马上闪回到过往的场景，会再次体验到当年的伤痛，会感觉自己被激怒了，被别人深深地伤害了，甚至会认为别人是故意这样做的。

每个人在成长的过程中多少都会留下某些印记，生活中很多情绪能量的出现是因为我们把过去和现在混淆了，以为过去的事情再度发生了，其实别人只是碰巧触发了你的心理按钮。当别人无意撞到这里时，我们就像被激怒的小兽，一般情况下我们都会用愤怒来表达"你弄疼我了"，但是对方可能并不知道自己做了什么，因为每个人都有自己独特的心理按钮，同样的事情可能会使你产生巨大的反应，而对另一个人却并没有什么影响。

使一个人特别愤怒或过度受伤的"情绪过激"反应，通常与小时候的原生家庭有关。

1. 我不是小题大做，只是恰好被按到了"心理按钮"

我的一位男学员，各方面条件都很不错，只是较矮，不到 1.7 米。有一次他参加同学聚会，在交谈中一个女同学谈到自己的择偶标准，说希望男生的身高至少要超过 1.75 米，因为不这样的话，她穿上高跟鞋和男友站在一起，对方会看起来比她矮。这本来是一个很正常的想法，这位女同学也没有特别针对谁的意思，没有想到的是，这位男学员突然眉头紧皱，非常生气地大声质问这个女同学："身高不超过 1.75 米就没有资格成为好的伴侣吗？你这是偏见，偏见你懂吗？"

他突如其来的愤怒让大家都不知所措，场面一度很尴尬。这位男学员自己也觉得非常不好意思。但是当他回忆起那个场景时，还是觉得难以自制地想反驳，总觉得对方是在嘲讽自己。

其实那位女同学并没有表达"身高不超过 1.75 米就没有资格成为好伴侣"这样的观点，这只是这位男学员自己的解读。后来我才了解到他为什么会有这么大的情绪反应。原来他曾经因为身高的问题遭遇过很多挫折，小时候他因个子小被同学嘲笑欺负，长大后又多次因为身高问题被自己喜欢的女生拒绝，工作中也常因为这个问题感到自卑，于是身高问题就成了他的一个心结，这个心结背后的心理按钮其实是"被嫌弃"，每当碰到这个按钮，他就会感受到"我不够好""别人不喜欢我"，因而变得易怒。

我的一位女学员小雅在家排行第二，有一个大她两岁的姐姐。小时候家里的经济条件不好，所以父母非常节省，常常会把姐姐穿过的衣服留下来继续给她穿，俗称"拣旧"。在那个年代，父母希望通过这样的方式节省下来不必要的花销，并不代表他们不爱这个小女儿。可是在小雅幼小的心灵里面，她总是会觉得姐姐有新衣服穿，而她只能捡姐姐穿剩下的旧衣服，她认为爸爸妈妈不疼爱自己而更疼爱姐姐。这件事情在她的心中埋下一颗低价值感的种子，使她觉得自己没有受到父母的重视，不值得被爱，旧衣服也就成了她的一个心结，这背后的心理按钮是"不被重视"。

她长大以后也生下了一个女儿，自己当了妈妈，有一次女儿的姑姑拿来很多小婴儿的旧衣服，让小雅选一些给孩子穿。这些衣服保存得都很好，孩子姑姑本来是一片好心，当地也确有这样的习俗，认为婴儿穿旧衣服会更健康，可是这件事却引发了小雅很大的情绪反应。她看着那些衣服，无名火上来了，非常生气地质问孩子的姑姑："为什么我的女儿就要穿旧衣服？她不配穿新衣服吗？我不要，你都给我拿走！"她的反应让孩子的姑姑十分震惊，觉得她不可理喻，很生气地抱着衣服走了。

事后小雅冷静下来也十分后悔，觉得自己太敏感，得罪了亲戚，她也不明白自己当时为什么会突然发火。后来她来参加我的线下课，我讲到心理按钮时，她才恍然大悟，明白自己当时为什么会有那么强烈的情绪反应，原来是触发了自己小时候"不被重视"的心理按钮，掉到过去的坑里了。

因此，心理按钮指向童年心理创伤，当我们还是个孩子时，往往无力承受一些来自环境和原生家庭父母养育方式对我们造成的压力，所以每个人在成长的过程中多少都会留下某些印记，很多心理按钮都可以追溯到童年的成长史，每个人的心理按钮各不相同。

你的心理按钮是什么呢？如果有人说你胖，你就跟他急，那么我们是不是可以思考一下，为什么会这样？

以下是我总结的常见的心理按钮，你可以自查一下：被冤枉、被抛弃、被忽略、被轻视、被比较、被不公平对待、被否定、不被信任、不被重视、被控制、不被尊重、被指责、被唠叨、被认为笨或不聪明、被说"都是为你好"、被挑衅……

尤其在我们进入亲密关系以后，许多心理的防御机制变得松懈，这时候一些深埋的心理按钮更容易被触发，也因此很容易破坏彼此的关系。有时候我们会因为对方一句无心的话、一个表情甚至一个简单的行为而暴跳如雷，怒不可遏，这多半是因为伴侣碰到了我们的心理按钮，他的言行勾起了我们童年或在成长过程中痛苦的经历和情绪。

我的一个女学员曾经在课上分享过这样一件事情：

每当她看到老公下班后或者周末在家，坐在客厅里一边看电视一边打瞌睡的样子，她就特别难以忍受。尤其是看到老公打瞌睡头一点一点的样子，她就气不打一处来，恨不得扇他两巴掌。原来在她小的时候，父亲经常失业，整天窝在家里无所事事，她小时候经常看到的画面就是父亲躺在沙发上看电视，打瞌睡时头一点一点的样子。她的父亲从来不做家务，甚至还会责骂母亲烧的饭不好吃。她们家的经济来源完全依靠母亲一个人的辛劳，生活条件非常不好，她看到妈妈特别辛苦地支撑这个家，而父亲却不帮忙，对父亲非常不满。所以每当她看到自己丈夫坐在沙发上看电视打瞌睡的样子，就会产生非常多来自童年时期对父亲的不满和愤怒，以及对贫困生活的焦虑和恐惧，仿佛童年那些痛苦的经历又会重新在她身上上演。但是对于她的丈夫而言，每次妻子因为这件事和他争吵，他就会感到十分莫名其妙："我只是在沙发上打个瞌睡怎么就惹着你了？你这是无理取闹！"

婚姻中这样的案例还有很多，比如，一个从小总是看着母亲用眼泪逼迫父亲妥协的男孩，当他长大以后在婚姻中看到自己的妻子哭泣掉眼泪，可能立刻就会大发脾气，而不是安慰她。因为在那一刻，妻子的行为就像儿时的情景再现，在他的潜意识中，他会认定妻子在用母亲控制父亲的方式来控制他。但他的妻子可能会感到很无辜，因为她只不过想要用哭泣得到丈夫的关爱，仅此而已。

在婚姻中，我们表面上是在与自己的配偶相处，实际上可能是与父母互动模式的昨日重现。那些残留的情结和按钮，就像婚姻长河中的漩涡和暗流，会为亲密关系带来隐患。

很多时候并非别人故意惹我们生气，而是我们自己心里有创伤。如果一个人的心理按钮特别多，不同的按钮经常被周围的人无意中碰到，他的内心就会像地雷阵一样，天天在爆雷，此起彼伏。我常常用"蜂窝煤"来形容这种人，如果婚姻中的两个人都是"蜂窝煤"，那这段关系就会变成持久的战争。

我们一旦看见了自己的心理按钮，开始明白这是与自己有关的课题，那么治愈模式就自动开启了。

要改变一个从小养成的心理模式，需要花费很长的时间，并且需要经过很多次试错。而幸运的是，只要我们不断地尝试，我们固有的模式就会慢慢发生改变。

如果我们把问题归咎于别人，就会感到深深的无奈和绝望，因为我们永远无法控制他人的言行，也不能强求他人不去碰我们的按钮，所以使自己快乐的有效方法就是对自己的情绪负责，深入觉察与疗愈内心的创伤。我们也不能简单地把过错推给父母或那些无意中伤害过我们的人，很多时候他们也不知道自己做错了什么，甚至是他们自己本身就有许多未被抚平的伤口。

2. 让"心理按钮"失灵的七大步

当我们发现了自己的心理按钮，可以做些什么呢？拿前面那个妻子看不惯丈夫打瞌睡的例子来举例。

首先，从那个触发了我们心理按钮的场景中抽离，选择不再让过去的情绪破坏我们当下的事情和现在的关系。

其次，找一个安静的地方独处一会儿，做几个深呼吸，运用上一节所学的快速清理情绪的技法让自己平静、稳定下来，给自己一些时间自我调节。

然后闭上眼睛，回顾刚才发生的一切，观察自己的情绪反应，顺着我们的情绪感受进行自我审视。

① 这是一份怎样的情绪？——是愤怒。

② 我曾经在什么时候也有过类似的强烈感受？——小时候看到爸爸在沙发上打瞌睡，妈妈独自一人忙碌的时候，会有这种相似的感受。

③ 那个感受背后的念头和想法是什么？——爸爸是不负责任的男人，妈妈太辛苦了！

你或许会联想起某件事情、某段经历或某个场景，回到内在去观察自己，然后找出这两种情境的相似之处。

④ 为什么这个场景会激发我同样强烈的情绪？——因为这个画面很熟悉，我感觉自己像妈妈一样无助和痛苦，而丈夫跟爸爸一样不负责任，帮不上忙。

⑤ 他们之间的共同点是什么，不同点又是什么呢？——共同点是他们都是男人，都是丈夫；不同点是，丈夫并不是我的爸爸，他并没有跟爸爸一模一样，他只是偶尔看电视打瞌睡，他是负责任的男人。

⑥ 现在我长大了，更加成熟了，也有足够的能力处理小时候处理不了的困境，那么是否还需要用旧有的方式，继续保留这份情绪呢？——我明白了，我把对爸爸的愤怒投射、转移到了丈夫身上，那是过去的情绪。

最后，问问自己现在可以为自己做些什么。

⑦ 我做什么可以滋养到自己的心灵？——我可以常常告诉自己：我是值得被爱的，我的丈夫是关心这个家的，我的婚姻没有那么糟糕！

当我们这样思考的时候，我们就可以慢慢找回自己内在的力量，开始对自己的情绪负责，不断更新与成长。

每个人的心理按钮的背后，都有一份属于自己的成长创伤。如果我们可以看到这一点，我们也会对他人多一分理解和包容。

练习9　翻旧账，找按钮

一、每个人根据本节的内容写下自己的三个最明显的心理按钮。

二、选定其中的一个心理按钮，运用上述的七步自省法，写下每一步的答案。

三、与组员们分享各自的觉察，也倾听他人的故事与收获。

第 5 节

情绪的背后是你受伤的内在小孩

之所以持续产生负面情绪，常常是因为我们内心藏着一个没有完全成长起来的、受伤的内在小孩。

或许是因为父母的一次打骂、一次被拒绝被忽略、一次噩梦般的考试、一次被同龄人欺辱和孤立等，虽然你几乎已经忘记了发生过的这些事情，但这些我们以为已经淡忘的童年创伤，一直在潜意识里面困扰我们，影响我们。

心理学家卡尔·古斯塔夫·荣格说，潜意识影响我们的一生，我们却称之为命运。

其实，内在小孩本来拥有非凡的直觉力、好奇心、想象力、天赋智慧、强大的感觉和感知能力，但同时，他也非常敏感、脆弱，渴望被爱与呵护，当他感受到不被爱，没有被看到、被听到、被指责、被忽略时，他就固着在心灵的角落里，持续感受到悲伤和痛苦，无法随着我们的生理年龄一起长大。等到我们成年以后，一旦遇到问题或困难，他就会自动接管我们的言行，我们就会表现出一个无力的小孩的状态，沉浸在过去的低频情绪里，做出许多不成熟的、孩子般的行为，造成我们在人际关系中的挣扎和磨难。比如我的一个学员，每次一遇到不开心的事，就把家人或朋友的微信拉黑，独自伤心难过，喝酒买醉，乱花钱，做出种种反常的行为。

1. 我的内在小孩长什么样

首先我们要能看到这个受伤的孩子。在生活中，他会呈现出什么样的模式和状态呢？

在亲密关系方面：他对亲密的情感充满了渴望，但是每当向亲密情感靠近的时候却又忍不住想逃离，不信任对方。他渴望肌肤相亲，但是一旦被触碰又会立刻感到紧张和不安。他不敢说"不"，被他人侵犯边界时会选择忍让，常常会不自觉地讨好他人，委曲求全。

在身体层面：他的身体长期处于紧绷的状态，敏感、失眠、抑郁、狂躁，经常做噩梦；容易疲劳，健忘；他可能还有许多的上瘾行为，如抽烟、喝酒、暴饮暴食、药物依赖等。

在情绪方面：他经常有无助感，无法感受到周围亲人朋友的支持和关爱；经常感到孤独，感觉自己和别人很疏离；他经常会处在焦虑、恐惧、抑郁、悲伤中，情绪敏感且很容易波动，经常无法控制自己的愤怒，要么很亢奋，要么很麻木。

在心智模式方面：他对人缺乏信任，对周围环境过度防卫，害怕受到伤害；他很容易产生消极负面的想法，凡事总会先想到不好的部分；他在工作中缺乏创造力，按部就班，死气沉沉；他经常陷入痛苦的纠结当中，头脑中经常会有两个对立的小人在不断"打架"。

你会有这样的时候吗？也许我们每个人或多或少都能从中看到自己的影子，因为内在小孩也是我们子人格的重要组成部分。

内在小孩是如何受伤的呢？是什么造就了今天这样一个不开心、不快乐的我呢？我该怎么办呢？

今天的自己之所以不开心，不快乐，根本的原因就在于童年（尤其是 0～6 岁这个重要阶段）心理营养的缺失。心理营养是我的萨提亚家庭治疗导师林文采老师提炼出来的概念，她认为，孩子的身体需要汲取营养才能健康成长，同样，孩子的心理也需要汲取大量心理营养才会真正发展成熟。孩子在不同的成长阶段，需要不同的心理营养，如果在相应的阶段没能得到相对应的足够的心理营养，那么他可能会在以后的人生中四处寻寻觅觅。

现在就让我们先来看看内在小孩所需要的心理营养是什么。

2. 我的童年到底缺了啥

一、爱、重视

当我们还是个 0～3 岁孩子的时候，我们是弱小的，同时渴望得到父母很多的爱与重视，我的爸爸妈妈爱我吗？他们是无条件地爱我，还是对我有很多的要求和不满？他们愿意花时间陪伴我吗？我的诸多的需求父母愿意满足吗？对我的需求，他们是否简单粗暴地拒绝了我，甚至打骂我、责罚我？每被拒绝一次、被忽略一次、被伤害一次，孩子的内心就多一个受伤的碎片，碎片积累得多了，他们就会变得越来越敏感、自卑，觉得自己不够好，不值得被爱。慢慢地，这些屡屡被伤害、不被爱的画面和经历就内化成非常多受伤的记忆存储在其潜意识中，他们将终其一生都在寻找可以无条件爱他的人。

二、安全感

在爱的基础上，孩子的安全感要逐步建立。安全感来源于哪里呢？主要有三个部分。

第一是父母的关系。如果父母经常吵架，相互指责，孩子安全感的大后方就会塌陷，在孩子的世界，这仿佛天塌下来一样。

第二是妈妈的情绪。妈妈是孩子早期最重要的抚养人，如果妈妈常常焦虑、烦躁、发脾气，情绪不稳定，孩子必然活得胆战心惊，内心充满恐惧。

第三是孩子的自主权。在父母的控制或溺爱中长大的孩子，常常会觉得自己是无能的，世界是危险的，他无法相信自己，无法获得自信。

当一个孩子因为以上原因而缺乏安全感时，他的内在小孩必然是无助、无力和无能的，这也是原生家庭带给孩子的极大影响。

三、肯定、欣赏和赞美

每个人都渴望被看见，孩子需要在父母或重要他人的肯定和欣赏中，才能建立稳定的自我，提升自信，进而追求成就。如果说在安全感的给予上，妈妈比爸爸重要，那么在肯定、认可和赞美这个方面，爸爸的重要性要大过妈妈。如果爸爸能时常表达对孩子的认可，能让孩子更自信，充满力量。

我们的内在小孩很想从父母那里得到肯定、欣赏和赞美，但如果小时候没有得到，我们的内心就会有深深的失落和悲伤，自我价值感低，会不停地试图证明自己。

好了，现在问问自己：以上这三种重要的心理营养，我的内在小孩最缺什么？我们拼命想证明的正是我们所缺少的，我们无法控制的情绪正指向我们内心真正的渴望。当我们弄清楚自己真正需要的是什么时，就可以为自己的内在小孩补充心理营养，抚慰那个未被满足的自己。

现在我们可以怎么做呢？

特别建议大家参加一些实修体验的心理课，借助老师的引导疗愈自己，这不是听理论讲述或看书就可以完成的，它需要经由身体的体验去完成！这里分享我的一位学员在上完内在小孩疗愈课后写的一篇文章，借此来说明我们该如何穿越和成长。后面我也录制了内在小孩疗愈的实修音频，以带领大家来做，虽然比不上线下体验课的快速和深入，但多听多做也是有效的。

拥抱我的内在小孩

作者：小芳

我特别想分享自己在疗愈内在小孩工作坊里得到的启示和疗愈。

（1）苏醒——听见内在小孩的呼唤

在课程的体验环节中，我在黑暗中摸索前行，跌跌撞撞，磕磕绊绊。眼前，是重重迷雾；心底，是深深恐惧。我手脚冰凉，我在心里呼喊：谁能告诉我，我在哪里？我该往哪里去？

终于，我抽泣起来，我看到了自己被不停催促赶路的前半生。我看到了当年那个迷茫无助的小女孩！

"快点！快吃饭，快睡觉。做个乖孩子！"

"快点！好好学习，考个好大学！"

"快点！参加工作了，就赶快找个对象！"

"老大不小了，快结婚吧！"

"年纪不等人，快生孩子！"

无数个催促的声音编织成一张网，一张让我又爱又恨的网，把我罩在其中。

在父母的催促下，在社会集体意识的逼迫下，我慌忙地成长着——为了重点学校，为了体面的工作，为了门当户对的婚姻，为了成为"别人家的孩子"，为了社交网络上的光鲜亮丽。

可是我一直是慌乱的，我太焦虑了，不能深呼吸，不敢放慢脚步，不曾认真看一眼头顶的蓝天、路边的绿树。

在泪水滑落的那一刻，我忽然醒悟了：这么多年心里感觉不踏实、不快乐，是因为我断开了和自己的连接，我把内心那个小孩子弄丢了！

看似成熟的我，内心其实一直住着一个缺爱的小孩。

这个小孩不敢做决定，不能为自己的人生负责，以不惜伤害自己的方式，倔强地叛逆着、反抗着。他特别在意别人的看法，做很多事只是为炫耀，不停向众人挥手说："看到我、看到我！"

一切都源于心里那个深深的黑洞。

当鼓声停止，黑暗中一双温暖厚实的手握住我的手，我的心一下子安定下来。我反握住它，轻轻地，柔柔地，像对待婴儿一样，抚摸它。此时，我明白了自己的心。一直以来，我特别渴望被人温柔相待，我像个孩子一样乞求别人来爱我。但是求不到，不满足，我就催眠自己对自己说：没事儿，我不需要。然后我把自己架起来，成为一个"女汉子"。

但其实，爱的泉涌一直就在我的心田里，只要唤醒它，温泉水就会汩汩流淌，给我疼惜、抚慰，让我平和、美好。

（2）接纳——与真实的"我"相遇

多年来，我一直不断展示自己的自信、善良、开朗、真诚，很期待自己在所有人眼中也是这样一个"完美"的形象。

但是，"完美"的"包袱"让自己很辛苦，很委屈。明明害怕也要硬撑，明明不喜欢也要笑脸相迎；明明喜欢快意江湖，却要把自己塑造成"不食人间烟火"的模样。

对自己不真实，就是对自己的不慈悲。

仔细观详自卑、怨恨、抑郁、苛责、虚伪等这些过去自己有意回避、羞于承认的"阴暗面"，我领悟到，它们存在的意义并不是要被克服、超越，它们是我的"太阳黑子"，是我的"小宇宙"能量聚集的地方，是我成长背后的巨大推力。

比如，青春期的我是一个无比自卑的女孩，对自己喜欢的人只能默默关注。但是，也正是这种刻骨铭心的自卑，催动我不断努力，期待能以最优秀的样子站在他的身边。

比如，我曾一次次行走在抑郁的边缘，感觉似乎马上就会掉进那深不可测的黑暗。但是，心里总是有那么一线光亮一直在前方。而且，周围愈黑暗，光亮愈显得耀眼，愈想让人投入它的怀抱。如今我才明白，抑郁越深，越让我知道内心对光明的渴望有多强烈。

与优点、荣耀、幸福等一样，缺点、失利、痛苦也是我人生重要的组成部分，这些看似"不愉快"的记忆让我觉察，促我自醒，不断校准着我人生的方向。

光明快乐是我，灰暗痛苦也是我，它们如同太极的阴阳两极，合在一起，才是一个完整的我、真实的我、接地气的我。

我接纳了完整的我，我内心的"吞吐量"就扩容了。我能放下评判，站在一个更高的维度，更宽容地看待周围的人、事、物，更爱有情众生。

那是一种心灵自由的快乐，正如老师所说：给鸟儿以自由，笼子也得到了大自在。

爱我心中的"天使"，也拥抱我心中的"恶魔"，我的心也得到了大自在。

（3）面对——同意自己和妈妈的人生轨迹

多年来，我和妈妈的关系就像两只刺猬，离远了相互挂念，挨近了又互相折磨。我决定不再逃避,和妈妈进行了一次心灵对话。

体验课上,泪眼婆娑中,我对妈妈说:"你知不知道,小学时你说我的高度近视是遗传,以后最好不要结婚,以免祸害下一代。你知不知道,这句话对我影响有多大?!我觉得自己就是一个残缺的人,我不值得被爱,我不配拥有幸福。你知不知道,我这些年有多挣扎、多痛苦?!"

我听到妈妈说:"每次看到你爸爸高度近视、笨手笨脚的样子我就很焦虑,我就情不自禁想骂他,想到你以后也是这个样子,我就难受、自责。我不知道这句话给你带来了这么大伤害,对不起!"

在与妈妈的对望中,我仿佛穿越了时空的长河,看到了她的童年。妈妈小时候因为家里孩子多被送给姑姑收养,比物质生活更贫瘠的,是她心中爱的匮乏。

她很忙碌,因为她想证明自己值得被爱;她爱唠叨,因为她希望别人注意到她的付出;她暴躁,因为她事事想控制却又无法控制;她感到悲痛,因为她心底有太多的委屈无法释放。

多年的爱而不得、诉而无应,让她内心充满了负能量,让她形成了爱挑毛病的习惯。对我的伤害就是其中一例。

怎样才能帮助妈妈,或者说,帮助我自己?

我想,方法就是慈悲,就是让爱、温暖、宽容去抚慰。

不要想着改变妈妈,要同意她的人生选择。不要苛责自己,要同意我的人生轨迹。

去看见，去同意，爱的暖流就从心底升起了。

当年的那句话确实伤害了我，但是，我已经不是当年那个无助的小女孩了。我可以谅解妈妈，我有力量走出阴影，让自己快乐幸福。

我轻轻地对妈妈，也对自己说："对不起，请原谅，谢谢你，我爱你。"

承认我们的父母并不完美，他们也有自身的局限性和格局的限制，但无论如何，他们都给了我们在他们当时条件下自己最好的部分。这份接纳，也是跟我们自己和解。

事实上，父母也是受苦的人，当时也没有人告诉他们要呵护孩子的心灵，他们接受的教育就是"不打不成才"，他们在当时的情况下已经做到了最好。只有当你从内心接纳自己的父母，跟父母说声"谢谢"的时候，你才有可能真正地爱自己，喜欢上自己。

（4）洞见——不再扮演"受害者"角色

体验课里，我忽然明晰了自己面对突然打击的心智模式，就是毫无反抗，软弱无力。

我的脑海闪回到大学时代的一次经历——两个同学为琐事忽然联合攻击我。面对从未经历过的疾言厉色，我整个人懵掉了，不知辩解，不晓反抗，只知道哀哀哭泣。而不久前我遭遇了一次重大打击时，也完全没有三十多岁人应有的应对，而只知道苦苦哀求。我顿时悟到，我的内在小孩的年龄一直停留在五六岁。我一旦受伤，马上就会被这个小孩子接管，陷入无助无望无智的沼泽，拔不出来也不想拔出来，只会扮演痛苦的"受害者"角色并乐在其中。

而在平时，我在很多时候会把自己架起来，用清高、冷淡把自己和他人隔绝起来，其实我这样做只是不想让大家看到我自卑脆弱的内心。

我领悟到人生中太多的苦痛是因为我不想长大，不愿承担，只想蜷缩在"安全区"里，享受"受害者"的福利。

然而，事实证明，越逃避，越被动；越不想成长，越会遭遇挫折。你越是想逃避的功课，现实越是会给你加量加难度。

所以，除了成长，别无选择。让我们用现在已经具备的成人的方式安抚那个受惊的孩子，让光和爱环绕在那个孩子的周围，找回遗失很多年的自己，学习用已经具备的能力照顾自己。

我想对亲爱的内在小孩说："亲爱的孩子，我已经长大了，也有了足够的智慧，我会好好照顾你的！"

练习 10　拥抱内在小孩

找一个安静、不被打扰的空间，一起跟随音频引导做内在小孩疗愈练习。

在小组内分享自己的实修体验感受，如果做完练习后身体有不舒服的感觉，请运用本章第 2 节舒适岛呼吸法练习稳定自己的情绪。

第 3 章

转化情绪

如何深度转化你的情绪

每种情绪，都是一份特殊的提醒，你读懂了吗？
勃然大怒的背后，常常都有怎样的
"非理性信念"在左右我们？

第1节

情绪背后的特快专递，你收到了吗

如果感冒了头疼，我们知道头疼是感冒引发的症状，它不是问题，真正的问题是感冒，头疼只是一份提醒。同样，情绪相当于头疼，只是症状和提醒，真正的问题在于，我们只想简单粗暴地把情绪赶走。

当我们带着觉知去看这些情绪的时候，就会发现情绪并没有好坏之分，也不存在真正的"负面情绪"。每一种情绪都是一种语言，都是带着信息来与我们沟通的，都有其正面的价值。

中国古人非常重视情绪对人修身正心的影响，《大学》有言：所谓修身在正其心者，身有所忿懥，则不得其正；有所恐惧，则不得其正；有所好乐，则不得其正；有所忧患，则不得其正。如果心中有怨恨、有恐惧、有喜好、有忧患，都不能使自己内心纯正。可见关于情绪对人的影响，先贤已经有了很深的体会。

怎样修炼才能没有这些情绪呢？其实，不是如何没有这些情绪，而是如何深度转化这些情绪。

情绪只是送信人，每一封信都来自我们的内心，包含我们内在世界非常重要的信息。如果你好好地收下这个信息，理解并应对好这封信，与自己的内在世界相连，送信人就会自己离开。

相反，如果你关上门，不接待这个送信人，他就会一次次地不请自来，就像一个快递员：如果你没收到包裹，他就得一趟趟地送；如果你关着门，他就敲门，甚至撞门；白天你不接收，他晚上还会再来——这也就是为什么我们总会梦见一些我们并不愿意看见或接受的画面。情绪越大，其包含的信息和提醒就越多、越重要，如果你不接受、不解读，它就会反复出现，提醒我们。

情绪，不是在指引我们方向，就是在给予我们力量。它总是引领我们更深入地探索自我，所以，如果你处于某种巨大的情绪中，感觉自己很情绪化，先不要自我批判或自我谴责。这不是什么坏事，这刚好是一个深入了解自己的机会，别只是白白地痛苦，却错过了那封重要的信。

这些情绪在提醒我们什么？又会给我们带来什么礼物呢？

一、愤怒

愤怒：警示界限，同时产生力量。

当我们愤怒的时候，内心的声音是什么？

"这太过分了！"

"怎么可以这样？！"

"你不能这样对我！"

愤怒是在表达"不可以"，它在提醒我们："哎！别人越界了，没有尊重你的身体界限、情感界限、时间界限、金钱界限、语言界限等，这样会伤害你，所以赶快采取行动保护自己！"如果没有这份愤怒，我们就不知道自己的底线在哪里，就不懂得拒绝和捍卫自己的利益。如果没有这份愤怒，我们就不会有这么强大的力量而敢于发出自己的声音。"怒从心头起，恶向胆边生，睁开眉下眼，咬碎口中牙。"意思是说愤怒到极点，就会胆大得什么都干得出来。你看，这是多大的一种力量，平时不敢说的、不敢做的，借这份愤怒的情绪都可以爆发出来。

每个正在经历愤怒的人，他们头脑里的观念、想法可能千差万别，并不总是因为确实得到不公平或不合理的对待，价值受到了威胁，愤怒才涌现出来。追根溯源，我们会发现愤怒的本质是追求自爱和自重。

二、忌妒

忌妒：告诉我们真正想要却没有得到的是什么，以及我们有多么想要。

当你忌妒的时候，你的内心戏是什么？

"切，他有什么了不起的！"

"我才不稀罕要呢！"

"我一点儿都不在乎！"

"我比他强多了！"

真的是这样吗？你确定你的头脑没有说谎？如果你真的不想要，真的比他强，你怎么可能会有如此强烈的忌妒情绪呢？头脑可能说谎，但情绪是我们忠实的朋友，它从不说谎，这份忌妒真正想表达的恰恰是：一、我想要；二、我没有；三、他比我强。你会忌妒足球明星梅西吗？不会，因为你并不想成为他。但你会忌妒隔壁老王买了辆高档车，因为高档车是你想要却还没有的，你只会对你真正在意的东西产生忌妒。**忌妒就是被我们忽视、回避或抗拒的内在需要**。承认这三点不是坏事，收下这份提醒，把这份情绪转化为动力，努力追求我们想要的。

　　忌妒本身是一种饥饿感，它并非源自肉体，而是源自精神。消除精神饥饿的方法：先承认自己是饥饿的，然后努力争取想要的东西；如果发现自己其实不想要，那么就彻底放下。

　　三、悲伤

　　悲伤：与丧失有关，指向分离，提醒珍惜已有的。

　　一个朋友怀了二胎，马上要生产了，一天下午给我打电话，说足月的孩子突然没有胎心了，生出来就没有了呼吸。她抱了孩子一天，晚上回到家里，她悲伤至极。作为妈妈，我非常理解那种失去孩子的痛苦，我一边流泪一边对她说："不要压抑自己，想哭就哭出来。医院让你和孩子待了一整天，是非常尊重生命、富有人性的做法，让你和孩子相互依偎，给了彼此最后的温暖。你可以给孩子举办一个正式的葬礼，向孩子、向自己的悲伤告别……孩子只是贪恋天堂，不想这么快来到人间。你要做的是好好生活，用更好的状态，迎接下一个小天使的降临。"朋友听了我的建议，和孩子做了完整的告别。她是一个很有力量的人，现在她已经走出了悲伤的心境。

不要去劝说一个正在悲伤中的人尽快走出悲伤。你只需要陪着他，听他说话，告诉他：如果难过，就尽情哭出来。然后看着他哭个够，这就是对他最好的安慰和爱。相信他在充分地宣泄悲伤后会接纳那个巨大的失落，并开始新的生活。

每个人都需要一些时间和时机整理和面对自己的内在。<u>悲伤让我们在失去和分离的体验中，真正意识到什么是自己最珍爱的人、事、物，自己生命中不能承受之重有哪些。</u>爱有多深，悲伤才有多重。为什么总要在分离与失去时，才知道对方的重要呢？生命应该花费在值得的人、事、物上，所以，悲伤指引我们有所取舍，珍惜现在拥有的，活在当下，无憾，无怨，无悔，无愧。

悲伤的尽头是接纳与转化。悲伤的意义是从失去中汲取力量，更加珍惜现在仍然拥有的，包括我们的回忆。"珍惜"便是悲伤化为灰烬后，从中生出的花朵。

四、挫败

挫败：我们对自己的期待远远高于目前所能达到的状态。

我们书院有位新老师，在一次讲完课后和我发生了下面的对话。

他：为什么我每次讲课前特别兴奋，认真努力地备课，可是讲完后情绪就会马上掉到低谷呢？

我：因为你对自己讲课的效果或者状态不满意！

他：可是大家都说我讲得不错，还有不少人听完课后现场就报名了呀！

我：是的，结果不错，但情绪从来不骗人。你要分清头脑和内心的两种不同的声音。头脑说："你讲得不错，大家都认可，你很棒。"可内心在说："这远远不够，你还差得远！"那个情绪其实就是在真实地告诉你："我不满意目前所达到的状态！"它能帮助我们弄清楚自己真正的标准和期待有多高。

他：我应该怎么办？我感觉自己已经尽力了！

我："理想我"和"现实我"之间总是有差距的，要么"现实我"继续努力精进，要么"理想我"降低期待。如果"现实我"已经尽全力了，那要调整的就是"理想我"的内心标准！所以，你对自己讲课效果的高标准和高期待是什么？

他：我想成为你这样的！

我：哈哈！所以，你的高期待背后的逻辑是你讲 1 年课的功力等于我讲 15 年课的？如果你这么快就跟我一样了，那我这 15 年岂不是白混了？

他：嘿嘿！不好意思，好像我的标准是高了点啊！我应该接纳自己现在的有限，不要给自己这么大的压力。

我：是的，降低期待，从"心想"到"事成"，总是有个过程的！

你看，这就是挫败这份情绪背后的礼物，它不是力量，却直击内心，引指方向。

五、压抑

压抑：保护自己，暂时避免矛盾和冲突。

我们时常会选择忍气吞声，虽然在当时的情境中会感觉十分压抑，但我们却得以争取到难能可贵的安宁和让自己成长的时间：当我们还没有能力或者准备去应对当时的冲突的时候，压抑保护了我们。

每一次压抑都避免了一次我们暂时不愿意面对的冲突。当我们的力量和资源准备好应对冲突的时候，我们便可以选择是否继续压抑自己，或是更真实地表达自己。压抑让我们退回到自己的空间里，得以喘息和休憩。

有一位朋友曾和我分享她的感受。她说自己的中学时代是非常压抑的，因为偏科，她的总体成绩排名靠后。但是她又经常被学校选来参加各种集体项目活动，经常会受人瞩目。她因自己的学习成绩感到很自卑，生怕被别人注意到。所以，那段时间她很喜欢穿深色的衣服，上课时也总是把头垂得很低，不愿意被老师叫起来发言。她那个阶段的人生状态是蜷缩的、灰色的，她努力躲在自己的"壳"里，以获得暂时的安全感。

压抑暂时保证了我们的安全，但同时也委屈甚至扭曲了真实的自己，有些人甚至还会形成习惯性的压抑。

解除习惯性压抑的方法是，努力地觉察和区分过去（童年）那些"不得不"产生的压抑，然后再和自己对话：我现在已经成年了，我真的还需要这样吗？现在我的力量与能力比过去的自己大几十倍，我已经有能力应对这个状况，有能力真实地表达自己了。

六、焦虑

焦虑是在表达"我现在的能力可能不足以应对这个问题"，

要么努力提升能力解决问题，要么适当降低期待减少焦虑。焦虑的人内心会有一个声音："快点儿、快点儿！必须全力以赴、力求完美啊！"我们会忘记事物有它原本的发展节奏，忘记遵从这个规律，而只希望它能够更快、更早、更好地达成。容易焦虑的人往往不顾自己原本的状态而过高地期望自己，有完美主义倾向或者强迫性观念。

倘若我们能深入地察觉自己的焦虑，就会看到自己头脑里刻度的偏差。如果我们可以把那个刻度调整过来，就可以合理有效地应对焦虑。

七、恐惧

恐惧是在表达"危险！我的准备还不够充分"，它在告诉我们赶快想办法远离危险或者增加能力以解除危险。

八、委屈

委屈是在表达"你没有给我这个，你应该给我这个的"，内在小孩在告诉我们，我们有一些重要的需求没有被满足，那些需求是什么？渴望被爱、被呵护、被尊重？如果别人无法给予，我们如何满足自己，如何关爱自己？

九、绝望

绝望是在表达"是时候了，我应该放手了"，它告诉我们，别在一棵树上吊死，放过自己，也放过他人，这件事该翻篇了。

十、无聊

无聊是在表达"现在的生活或者自己的现状并不是我想要的"，那什么才是我们想要的呢？

没有不好的情绪，只有不被尊重的情绪。

没有可怕的情绪，只有缺乏了解的情绪。

如果每次情绪来袭，我们都能够静下心来，放下自己的评判和猜疑，不把自己看成受伤的羔羊，而是探究它到底想告诉我们什么、它在表达什么、它的价值在哪里，我们就能拿到更多成长的礼物，运用这份情绪修正自己的道路。

《论语》中有言：不怨天，不尤人，下学而上达，知我者其天乎！孔子不抱怨天，不埋怨人，真是情绪管理的楷模。

> **练习11** 集体会诊
>
> 一、写下自己常有的三种负面情绪，然后逐个觉察：这个情绪在表达什么？它对我的提醒是什么？它的正面价值是什么？
>
> 二、选出大家都想分析的三种具有代表性的情绪，分别进行脑力激荡，探讨这几种情绪背后的正面价值有哪些。

第 2 节

真正伤害你的是你的信念认知

对单一的情绪，我们可以通过前面学习的方法梳理和调整；复杂且连锁的情绪对我们的杀伤力会成倍地增加，我们很难将这些情绪剥离开来，看清楚每一种情绪所发出的真正信号，就像我们同时收到许多紧急邮件，不知道该如何下手处理，最终被这些情绪吞没。那么，我们就要从根源上寻找刺激我们产生各种情绪的原因到底是什么。

真的是我们的经历引发了我们的诸多情绪吗？如果是这样，那人生岂不是很被动？而且相同的一件事，为什么不同的人会有不一样的情绪反应呢？看同样一部影片，为什么有的人泪流满面、感动得不行，有的人却无动于衷、不以为然？如果真的只是因为外界的人、事、物让我们有这样或那样的情绪，那么同样的人、事、物应该引发相同的情绪才对，可实际情况并非如此，这中间发生了什么呢？

小莉在一家外企工作，收入和福利都不错，在大多数人眼里，她有一份令人羡慕的工作。但是在工作中她却常常感到不开心，甚至经常会想要跳槽。原来她的直属上司是一个十分严格和挑剔的人，小莉写的文稿或者方案总是一遍遍地被打回修改，甚至有几次她用了许多天辛苦完成的文案，最后直接被否决，被采用的是另一位早她一年来公司的师姐的文案。她感到十分沮丧、愤怒，认为是这位上司在故意挑她的毛病，不重用她。后来有一次她和那位师姐聊天才知道，师姐的方案也经常要改七八遍，可能最后都不能被采用，这位上司对谁都这样。但也正因为上司这种工作态度，部门才能连续以优异的考核成绩被总公司欣赏，得到更多经费支持，员工的福利和待遇才能达到现在的水平。当小莉不再认为"上司一遍遍打回我的方案是故意为难我"，愤怒的情绪便没有了，后来她通过自己的努力以及凭借认真的态度得到了这位上司的赏识，很快就获得了晋升的机会。

1. 一定要懂的情绪 ABC 理论

我们通常都会觉得我们有情绪是因为受到某个人或者某件事的影响，而实际上，真正触发我们产生情绪的是我们内心构建的故事。也就是说，我们对于某件事或某个人的认识和看法决定了我们会有怎样的情绪，这就是著名的情绪 ABC 理论。

情绪 ABC 理论是由美国心理学家阿尔伯特·埃利斯创建的。A、B、C 三个字母分别对应三个英语单词：A—activating event（激发事件），B—belief（信念），C—consequence（结果）。该理论认为事件 A 并不是引发情绪和行为 C 的直接原因，在它们中间还有一个至关重要的因素，那就是个体对激发事件 A 的认知和评价而产生的信念 B。换句话说，悲伤、快乐、内疚、愤怒、忌妒、骄傲、焦虑、厌恶等情绪的出现，并不直接取决于发生的事件，而是取决于我们对这些事件的解读。

比如，当一个人小时候受到责骂，如果他内在的信念解读是"都是我的错，因为我搞砸了一切，所以爸妈才会生气"，他就会产生自卑、自责、愧疚等一系列情绪；而假如他的信念解读是"这不是我的错，原本不应该是这样的，我是被冤枉的"，那么他可能会产生委屈、愤怒、悲伤等不同于前面的情绪。如果这些情绪在当时没有及时得到表达，那么每当这个人经历一些类似的被责骂的事件时，内心便会自动认同儿时的信念，生出儿时的情绪感受，这些信念和情绪感受往往因为大脑"自动化"的处理而被我们忽视。

麻烦的是，我们的信念系统在形成的过程中，往往因为我们年龄尚小，获取的资讯有限，所以常常是不完整、刻板、极端、绝对化的，我们把这些信念称为"非理性信念"。

非理性信念通常有以下一些特点。

第一，绝对化。有这种信念的人常常会出现诸如"必须""应该"这样的想法和要求。例如："我必须做得很好才能赢得他人的认可，否则我就是一个很无用的人。"

第二，自我攻击。有这种信念的人会因为一些让我们感到挫败的事件彻底否认自己的能力。例如："如果我离婚，我就不是个好女人，我就是个没人爱的人。"

第三，人格攻击。我们会将行为和人格联系在一起，会觉得某人做了怎样的事，就证明他是一个什么样的人。例如："他借了我的钱居然不还，他就是个没良心的人。"

第四，极端化。有这种信念的人认为有某种结果太糟糕、太可怕，或者说太严重，好像一切都因此没有希望了。例如："如果我儿子考不上大学，他的人生就完蛋了，彻底失败了。"

现在我举个例子来说明以上四点。有一天，你的领导特别严厉，非常不公平地批评了你（A），你感到愤怒（C）！那么接下来让我们来筛查一下，在这个事件（A）和你感受到的愤怒情绪（C）之间，会存在一些什么样的非理性信念（B）呢？

第一种可能是，"他不应该这样不公平地对待我。"

第二种可能是，"我真是太没用了，所以才会被领导批评。"

第三种可能是，"领导这样批评我，他真是一个坏领导。"

第四种可能是，"领导批评我，这件事情真是太糟糕了，我肯定完蛋了。"

以上这四种想法就是你内在的信念和想法，当你这样想的时候，会自动萌生一大堆的情绪，如恼怒、沮丧、挫败、怨恨、无助、悲伤等。然后你可能会因此不再好好工作，或者辞职，甚至做出一些破坏性行为。

但是这些信念是客观事实吗？真的是这样吗？

现在我们尝试质疑这些信念："为什么我的领导就必须要对我公平呢？就因为他不公平地对待我，我就无法忍受，不能快乐生活了吗？""他不公平地对待我，只凭这一点，他就真的是一个坏领导吗？""他过去有没有表扬过我？他从头到尾都不喜欢我、不看重我吗？"最后你还要质疑："这件事真的那么糟糕吗？糟糕到天都要塌下来了吗？"

通常在质疑自己大脑中的那些非理性信念时，你会发现你得到的答案往往都是不确定的。我们还是用上面这个案例来说明：如果你的领导不公平地批评了你，那么在你质疑了过去的信念之后，那些新的理性的信念（B）可能会是什么呢？

我同样列举出了四种：

第一，如果领导可以做到公平当然是最好的，但是没有任何一条法律条文规定领导就必须做到公平。

第二，即使他这一次对我很不公平，我也是可以承受的，这并不妨碍我继续开心地生活，这件事和这个情绪并不会被带到我生活的其他方面。

第三，虽然他今天很不公平，但是他做过的很多其他的事情还是值得称赞的，因此不能仅凭这一件事儿就说他是一个纯粹的坏人。

第四，被批评的感觉当然不好，但是天并没有塌下来，这件事也没有糟糕透顶。

这样转化的时候，心情是不是好多了？之前那些负面情绪是不是减少了？虽然领导不公平地批评了你，但现在你可能会比较平静或者比较坚定地和领导沟通，让他知道事情的真相，让这件事不会向更糟糕的方向发展。

事件 A 不变，但因为内在的信念 B 不同，所以引发的情绪和行为 C 就不同了。这也是中国古人所讲的"境随心转"的功夫，一念之转，涅槃重生。

如果导致我们产生情绪的非理性信念不是指向他人，而是指向自己，就可能会因此激发我们另外一些比较极端的负面情绪。

还是用上面的例子来说明：领导批评了我，我会怎么攻击自己呢？可能是下面这样。

"什么事情都不如意，生活对我来说总是那么不公平，生活不应该是这样的。"

"我真是太失败了，做什么都做不好，一无是处。"

"事情变得这么糟糕，我真的受不了。大家都会取笑我的，我活不下去了。天呐，我怎么办呢？"

如果这样的想法总是不断地重复出现，那么你整个人可能都会因此变得非常沮丧，甚至会产生抑郁情绪。

非理性信念往往是引发我们不良情绪的罪魁祸首。

2. 大家来找碴儿：我有非理性信念吗

具有非理性信念的人要么攻击他人，要么伤害自己，要么怪罪社会。所以，识别非理性信念是获得健康情绪非常重要的一步。要做到这一点，我们首先要明白理性信念和非理性信念的区别。

第一，绝对化与有弹性。

非理性信念通常是绝对化的，包含"必须""一定""应该"的意思，没有例外，没有弹性。例如："我一定要得到这个职位。""他是我男朋友，就应该让着我。"具有这种思维的人认为事情只能如他所愿，要完全掌控事态，常常追求完美，如是事情未能如愿，就会产生强烈的情绪波动。

理性信念往往是灵活的、变通的、有弹性的，常包含"想要""争取""希望"的意思。例如："我想要得到这个职位，但不一定能成。""他是我的男朋友，我希望他让着我。"具备这种思维的人，拥有理想与欲望，但允许事情有例外，可以接受事情无法尽如人意，遇到一些糟糕的事情，虽然很不喜欢，但也能够忍受，情绪虽然仍会受影响，但影响强度不大。

第二，极端化与多元化。

非理性信念常常是极端化的，标准是绝对的、单一的，习惯用二分法思考问题，非黑即白，不是好就是坏，不是成就是败。例如："男人都不值得信任。""没考上大学就是失败。"他们看不到事物的更多角度，一旦事情不符合自己的预期，就很容易失望、挫败、崩溃。

理性信念是相对、多元的，允许有中间或模糊地带，可以从多个不同的角度看待问题，不会因为某一个局部就彻底否定自我或者他人。例如："不是所有的男人都不值得信任，也有可信任的。""考不上大学是很失败，但不代表人生就全完了。"我们每个人都有可能会犯错，都有可能做错事或者得罪人，但不会因为这一件事而全盘否定自己或者别人。

第三，不合逻辑与符合逻辑。

非理性信念通常都没有严谨的逻辑性，往往会得出错误的推论。例如："我不喜欢某个同事，你是我的朋友，那你就不能喜欢他。"这个逻辑很奇怪。

理性信念是有逻辑依据的，其对因果关系的推理是符合客观规律和常识的。例如："我不喜欢他，虽然你是我的朋友，但不代表你也一定不能喜欢他，在这一点上，我是我，你是你。"

第四，夸张与客观。

非理性信念具有夸张的性质，会过度夸大负面的结果或放大事情的破坏性，将其灾难化。例如："明天的演讲，我肯定讲不好，全公司都会看我的笑话。""如果离婚了，所有人都会看不起我。"具有这种思维的人常常会预演发生非常负面或严重的后果，所以情绪容易失衡，感到担心、害怕。

理性信念通常是客观性的。这样的思维可以让我们更加客观理性地分析现状、做出评价，认为虽然可能会有诸多不好的因素，但同时也还有一些因素不那么糟糕，甚至不好的因素中还隐藏着让我们成长的资源。例如："明天的演讲，我可能讲不好，但我总算敢上台了，这也是进步。""如果离婚了，也许有人会看不起我，但也有人会理解我。"

第五，以偏概全与就事论事。

非理性信念总会以偏概全，以偶然发生的事或有限的资料代表全部。例如："我什么都不行，我就是个笨蛋。""女人只有变坏了才会有钱。""干得好不如嫁得好。""你从来都不关心这个家。"实际上，任何人、事、物都不是绝对化的，要具体问题具体分析。

理性信念则可以就事论事，一事一议，看到任何事物都会认为其只发生在特定的情境下，而不是发生在所有情境下，认为有很多事物是特殊状况而不是普遍现象。

第六，阻碍目标达成与促进目标达成。

非理性信念常常阻碍目标的达成，没有实际价值。例如："我真没用，我注定是个失败者。"当你这样想时，自然什么也不想做，什么也做不成。而理性信念可以促进目标达成。例如："这件事我做不好，并不代表什么事我都做不成，我只是缺少方法，仍然可以继续努力。"

非理性信念和理性信念的比较如下表所示。

非理性信念	理性信念
绝对化	有弹性
极端化	多元化
不合逻辑	符合逻辑
夸张	客观
以偏概全	就事论事
阻碍目标达成	促进目标达成

现在对照上表，自省一下：我们的思维常常处在什么状态呢？将这样的一些词放在一起对比，你的感受是怎样的呢？你是否也会在不知不觉中陷入某个非理性信念的陷阱呢？

以下是在我的线下情绪管理课中，学员们自行找到的生活中的非理性信念。对照一下，看看你有没有；如果有，觉察一下它对于你的情绪及生活的影响是什么。

① 我如果生不出儿子，就对不起列祖列宗。

② 如果孩子考不上很好的大学，我就不是一个好妈妈。

③ 如果一个男人出轨，他就是个人渣。

④ 如果一个女人不会做家务，她就不是好女人。

⑤ 如果我不听父母的话，那就是不孝。

⑥ 如果不达标，就是因为工作不努力。

⑦ 离婚了就不是好女人，人生就完了。

⑧ 如果我老公离开我，我就不活了。

⑨ 孩子不好好吃饭，就长不高，就完了。

⑩ 我一定要表现得很好，这样我才会被人喜欢。

⑪ 人不可以做错事。

⑫ 失败一次，一生就完了。

⑬ 每一个人都应该得到所有人的爱。

⑭ 我不说，别人也应该知道我的想法。

⑮ 一个人应该去帮助别人，不能拒绝，否则就是没有爱心。

⑯ 每个人遇到问题时，都应该找到完美的解决方案。

⑰ 我是完美主义者，做事一定要完美。

⑱ 如果我把真实的感受说出来，一定会被嘲笑。

⑲ 世界应该是公平的，坏人应该受到惩罚。

看见就是自由，当觉知升起，我们就有了新的选择。我们用理性的信念和思维方式取代那些绝对化的、极端化的非理性信念和思维，便可以客观地对人、事、物做出评价而不是全盘否定，因此产生的便不再是那些自毁的情绪。

虽然我们得到的可能依然是一些负面的情绪感受，但是这些情绪并不会令我们的行为失去控制。并且通过这些情绪，我们可以准确地捕捉到自己内心的活动以及需求，以此来指导我们如何应对和行动。

人们并非被外界的事件所困扰，而是他们对事件所采取的观点困扰他们。

——古罗马哲学家　爱比克泰德

练习 12　大家来找碴儿

一、仔细阅读下面两则叙述，就其内容分析讨论：

① 每则叙述中有哪些地方是不合理的想法，即非理性信念？

② 这些非理性信念为何不合理？

③ 这些非理性信念会引致什么结果？这对你的情绪有何影响？

④ 将这些非理性信念改换成怎样的想法较合理（即理性信念）？

二、你是否也有其中的某种非理性信念？它是怎么来的？对你的影响如何？你打算如何面对它？

叙述一：

唉！我注定一辈子没出息。长相平凡，才能平庸，口才不行。我这么无趣的人，叫人家怎么喜欢我呢？难怪每次公司集体活动都没人主动跟我说话，肯定有很多同事在背后嘲笑我，我真是个可怜虫！

叙述二：

一想起这几天的事，我心里就难受。老公出国旅游居然没给我带礼物，而且今年我的生日他也忘了，一点儿表示都没有。以前谈恋爱的时候他都记得的，现在结婚了，把我骗到手就变心了。他肯定是不爱我了，完全不把我当回事，一点儿都不在乎我。他是不是外面有人了？这个家真是要完了，我是不是要离婚？天啊！这日子怎么过呀？

第3节

转化你的非理性信念，升级认知

非理性信念多半都是在重复儿时的脚本，进而不知不觉地循环旧日的情绪。为什么会这样呢？

著名的认知心理学家多纳德·H．梅琴鲍姆和贝克提出"内在对话"与"自动化思考"的概念，这也是形成我们信念系统的重要过程。我们的大脑为了节约能源，减少消耗，会习惯性地沿用固有的思维模式，不愿把相关信息提取到意识当中，再重新进行思考和加工，而是直接跳过这一步，进入与之对应的旧有的情绪感受层。这就成为我们自动化的模式。

如果你可以保持一份觉知，多向内观察在我们的内心世界正在发生些什么，你会发现那个小时候便形成的"自动化"信念在影响你，你会忍不住发笑：原来我一直抱着这样的想法在生活，那我怎么可能经营得好我的人生呢？

大多数时候，当那些糟糕的情绪产生时，我们很难让自己停下来去思考情绪背后的非理性信念是什么，任凭这些情绪裹挟着我们一次又一次地掉进这个陷阱里，除非你有意识地觉察到它并练习转化它。

1. 信念转化三步走

我们需要识别出这些非理性的信念。在前一节我总结了非理性信念的几大特点，现在我们进一步深化自省。

第一步：写下自己的信念。

例如，我们先写下来一句话："我一定要拿到这个职位，否则以后就没有晋升的机会了。"

然后开始问自己，这些想法是否让你感到有压力？是否会影响你和他人的关系？是否会让你更没有力量和动力？如果答案是肯定的，它就是非理性信念。

接着寻找语句中的关键词，看看是否有"必须""一定""应该"等强制性字眼。如果有，则属于非理性信念。

最后，检查一下语句中是否有夸大性或灾难性预判，是否符合客观存在的事实，有没有例外情况，有没有不合逻辑的漏洞。如果有，则属于非理性信念。

第二步：质疑和驳斥这些非理性信念。

质疑和驳斥的方法有以下几种。

第一，第三方说服。假设这不是你的问题，而是别人的问题，你只是旁观者。当你跳出当事人的视角，用第三方的角度来看问题时，就能够比较客观公正地思考。例如，有一个人跟你说："我一定要拿到这个职位，否则以后就没有晋升的机会了。"你听完可能会想："哪有这么严重，就算这次没被选上，以后说不定还会有机会呀。"

第二，律师辩护。律师喜欢凭证据说话，注重逻辑。假设你是个律师，当你听到你的当事人讲"我一定要拿到这个职位，否则以后就没有晋升的机会了"时，你会怎么反驳他呢？"你有什么证据证明你一定会被选上，你的优势在哪里？""你凭什么判断这就是你最后一次机会，以后绝对没有可能晋升了。这是事实吗？证据是什么？"

第三，咨询师提问。好的咨询师不是要给来访者答案或建议，而是通过提问，引发其更深的思考，让答案自动呈现。当一个人跟咨询师说"我一定要拿到这个职位，否则以后就没有晋升的机会了"，你猜咨询师会怎么提问？他可能会问："为什么这个职位对你如此重要？你想通过它得到什么？""如果你想要的是别人的认可，那拿这个职位你就觉得够了吗？它对于你真的有那么重要吗？""坚持这个想法会让你付出的代价是什么？你确定要付出这些吗？""即使真的拿到了，又如何？"

通过以上三种方法，我想你的想法就变得多元而客观了。

第三步：用新的理性信念转化非理性信念。

现在，开始重建你的信念吧！你可以按照前一节讲到的理性信念的特点来自我转换。以上面的例子来说，你可以将其改成："我很希望拿下这个职位，但我并没有十足的把握，不一定能达成。就算没达成，也不代表以后就没有机会了，我还可以继续争取。如果真的达成了，我会比现在更忙、更辛苦，也是要付出很多代价的。"

你看，这样想，是不是舒服了很多？任何事物都有多面性，这才是真相！

2．检查你的信念清单

一、以下的 18 个题目代表了你的信念，请详细阅读后，根据你的实际情况，在右边三个选项中勾选出最符合你情况的。

二、勾选"从不认为"者，表示你没有该句所陈述的非理性信念；勾选"偶尔认为"者，表示你偶尔会有该句所陈述的那种非理性信念；勾选"经常认为"者，表示你具有该句所陈述的那种非理性信念。

信念描述	从不认为	偶尔认为	经常认为
1．我觉得一个人一定要表现得很好，才会被人所喜欢	☐	☐	☐
2．当别人不喜欢或不肯定我时，我会觉得是我不好	☐	☐	☐
3．我觉得别人不了解我	☐	☐	☐
4．当事情没有照我的期望发展时，我会觉得很糟糕	☐	☐	☐
5．我常常不敢把真正的想法或感觉告诉别人，因为我害怕他们会对我另眼看待（笑我，或不喜欢我）	☐	☐	☐
6．我应该被周围的人所喜爱、称赞，这样才有价值	☐	☐	☐
7．当问题来临时，我认为设法逃避比面对容易	☐	☐	☐

续表

信念描述	从不认为	偶尔认为	经常认为
8. 现在的我之所以会这样是受家庭及过去环境的影响，我觉得无力改变自己	☐	☐	☐
9. 我天生内向（或固执、爱哭等），虽然我很想改变，但好像无能为力	☐	☐	☐
10. 如果我的好朋友（或异性朋友、配偶）在乎我，他就应该知道我的想法	☐	☐	☐
11. 我觉得人的力量很有限，无力改变外在的世界	☐	☐	☐
12. 我觉得自己的问题应该自己解决，不应该去麻烦别人	☐	☐	☐
13. 我觉得自己没有什么值得别人喜爱的地方，我要做得更好才行	☐	☐	☐
14. 虽然我努力，但还是常常无法达到自己的目标或理想	☐	☐	☐
15. 朋友有困难需要人帮忙，当他向我求助，我会觉得我有责任帮他；如果我不能帮忙，我会感到对不起他	☐	☐	☐
16. 当别人赞美我时，我常常不敢自在地接受，或是觉得不应该接受	☐	☐	☐
17. 上司或长辈所说的即使没有道理，我也不太敢反驳或不想反驳，因为我根本无法改变他们	☐	☐	☐
18. 当事情做不好时，我总觉得是我的错	☐	☐	☐

三、把你在清单中发现的所有的非理性信念列出来，自问或请其他成员问你：

① 你为什么会有这种想法？是在什么情况下或发生了什么事而有此想法的？

② 拥有这种想法对你的情绪或生活、行为有何影响？你喜欢这些影响吗？

③ 引起上述这种想法的情况或事件一直存在着，还是已经消失或偶尔在发生？

④ 回想一下，当初发生的那种情况或事件对你而言公平吗？你现在还是当初那样吗？还是说你已经和当初不一样了？你认为这种想法对现在的你完全正确吗？有无与现在的你不符合的地方？如果有，是什么？

⑤ 一直守住这个想法对你有何好处？这代表什么？这真的无法改变吗？

⑥ 这个想法不合理的地方是什么？你认为如何调整比较合理？这种调整给你什么不同的感受？

四、整个活动结束后，你的学习与心得为何？

当我们可以通过一些练习，敏锐地觉察到日常生活中引发我们情绪的那些信念，我们便可以进行"自我对话"。例如：

我现在的想法是合理的吗？

合理的地方在哪里，不合理的地方在哪里？

如果我继续保持这样的想法，会发生什么样的后果？

我希望这样的事情发生吗？如果我不希望，我可以为此做些什么呢？

同时，我们还可以通过换位思考，看到如果这样的想法和信念出现在别人身上，我们会有怎样的感受。如果我们常常只站在自己的立场和角度看待问题，那么我们的眼光一定会有局限。当我们把自己固守的某个信念放在别人身上的时候，我们才会发现这样的信念给人际关系带来多么糟糕的后果。而这样的后果，真的是我们所期待的吗？

当你可以这样问自己的时候，那个合理的、有建设性的、多元化的、有弹性的新的信念便开始重建了。

弗洛伊德认为，所有的情绪都是内在心理和内在个人的，而不是人际间和外在的。也就是说，情绪不是我和你之间，而是我和我之间的体验！

练习 13　信念转化方程式

一、与小组成员讨论：本节中的 18 条信念描述中哪三条是对你影响最大的？它是如何影响你的生活的？大家一起运用所学到的方法把 18 条非理性信念转化为理性信念。

二、此练习的目的是学习分辨非理性信念，以及运用本节所讲的质疑驳斥的方法，练习驳斥引起情绪困扰的非理性信念，并重建理性信念，使自己成为一个拥有情绪自控力的人。

三、回想一下，最近发生的什么事让你情绪不愉快或引起了你的情绪困扰。例如：领导最近总是安排我加班，又不给加班费，我自己不好提，觉得又生气，又窝囊。

四、依照下面的步骤进行信念转换与重建。

事件（A）：

情绪（C）：

情绪背后的非理性信念

1.

2.

3.

质疑和驳斥

1. 第三方说服：

2. 律师辩护：

3. 咨询师提问：

新产生的理性信念

1.

2.

3.

产生的新情绪

1.

2.

3.

第 4 节

自我关爱，提升自我价值

通过前面的学习我们知道了引发情绪的根源是内在的非理性信念，不知你发现没有，在非理性信念里，我们总是在做着同一件事——自我攻击；情绪低落时，内心总是充斥着"我不够好""我很糟糕"这样的声音，自我价值感低。这是病根。

一项对超过 5000 个咨询案例的汇总结果显示，很多人低自我价值感的表现主要有：自卑、内向、习惯性逃避、患得患失、充满负能量、失眠、气场弱、不会聊天、容易紧张等。

那么低自我价值感和高自我价值感在行为中有哪些不同呢？让我们来对比一下。

高自我价值感的行为	低自我价值感的行为
1. 对自己有信心，喜欢自己，认为自己不错，对未来充满兴趣与信心	1. 对自己缺乏信心，不喜欢自己，认为自己没用，对未来感到担心
2. 喜欢交朋友，欣赏别人的优点，容易与人相处与合作	2. 面对别人不自在，不敢与人交往，羡慕或忌妒别人，独来独往
3. 心情经常是愉快的；会开自己的玩笑，也经得起别人开玩笑	3. 心情常常郁闷、担心；对自己严肃，害怕别人取笑自己
4. 对环境有探究的兴趣，喜欢接触新事物	4. 环境对他有威胁感，避免接触新事物

高自我价值感的行为	低自我价值感的行为
5. 在团体中愿意贡献意见与力量，也能为自己的想法辩护	5. 在团体中不敢表达意见，不敢确定自己的想法，在意别人的意见与想法
6. 主动性强，愿意冒险以扩展视野，偶尔会犯错、惹麻烦	6. 被动，退缩，不敢冒险，害怕失败，凡事小心谨慎，死守规定，不敢犯错

你更偏向于哪一边呢？或者说，大多数时候，你是高自尊的还是低自尊的？

1. 低自尊的三种面具

高自我价值感的人往往对自己和周围的世界抱有一种积极的态度，他们可以客观地看到自己以及他人的长处及优势，并且愿意欣赏和学习这些优势，总体上来说他们对自己是比较满意的。

而低自我价值感的人因为自己内在的信心不足带来的痛苦感十分强烈，以至于他们眼中的世界也是充满了瑕疵和痛苦的，他们倾向于用消极的眼光看待自己和周围的世界：如果自己是糟糕的，那么我便也不能接受这个世界是好的。由于这种"我很糟糕"的感受实在太痛苦，心理防御的机制便会启动，对他们形成保护，并通过以下不同的形式表现出来。

第一种是**自我退缩型**。他们不敢表现自己，更不敢表达自己的想法，用顺从讨好的姿态迎合周围的人，避免冲突，防止外界对自我造成更多破坏性的打击，因为他们已经经受不起更多的威胁。这是自我价值感较低的人常用的防御形式。

第二种是**自欺欺人型**。他们常常表现出与内在相反的状态，在心理学中我们也称这种现象为"反向形成"。这一类人用"外表的强大"掩饰"内在的虚弱"，往往看起来还不错，因为他们将所有的力量都用来让自己看起来是足够好的。他们也往往能获得一定的成绩，但他们不愿意正视自己内心的真实和脆弱，无法接纳失败和来自外界的负面评价，任何可能会触碰到他们的脆弱的行为都会激起他们强有力的反击。他们往往活得很辛苦，因为必须倾尽全力才能维系一个看起来很不错的表象，他们即便拥有非常光鲜亮丽的成就，也很难真正地享受人生。

第三种是**毁灭型**。他们是第二种类型失败后的表现，因为没能发展出令人满意的"外部成就"，或者"外部成就"崩塌，所以他们不得不面对那个令他们自己都厌弃的自我。这实在太痛苦了，以至于他们"铤而走险"，只要能不去面对那个不堪的自己，做什么都可以，可以不择手段，不达目的不罢休。

所有自我和他人关系的亲疏、好坏，都是由"我"和"我"的关系决定的。我们如何看待自己，也便如何看待这个世界。当我接纳我自己的时候，我与别人的关系自然就好；当我不肯接纳不完美的自己时，我跟外界的关系就不好。

"我"是一切关系的根源，"自爱"是我们爱世界的基础，所以整合关系、学会爱的前提便是提升自我价值。

2. 提升自我价值的妙招

如何才能提升自我价值，变得更加自信呢？

第一是改变认知，从接纳和肯定自己开始。

重获自信，首先要改变思维认知，扭转以往的错误思维。例如：

"我总是失败。"

"其他人不会喜欢我。"

"我又犯了一个错误。"

很多人会给自己贴上各种负面的标签，如笨、懒、没有吸引力等，这些给自己带来压力，心理学上称之为"认知曲解"。这样的认知错误如果不从你的大脑里剔除，那你一辈子都会受此煎熬。

如何改变认知？快速的方法是从表达接纳自己的言语开始。

否定自己的人，总会找机会去证明自己不够好，否定自己的成就；或者事事要求完美，不允许自己犯错。他们总是对现在的自己不满意，总想成为更好的自己。其实，**接纳自己不是成为"更好的自己"，而是"更好地成为自己"。**

改变认知需要大量练习，其中改变言语是非常快速有效的方法。从现在开始，每天对着镜子告诉自己：我是足够好的！我是值得被爱的！我喜欢我自己！我接纳我自己！我是安全的！我是可以犯错的！我要成为自己的主人！一开始说这些话可能会感觉虚假、不自在，但天天讲、反复讲，你就是在创造和强化一条新的神经链。不断加强它，直到它变成自动化模式，代替过去的模式。

第二是实践行动。

自信不能只停留在言语和思想上，更需要通过行为去确认、夯实。通过实践行动一次次积累成功经验，然后反哺内心，巩固自己的自信。

下面介绍几个快速提升自信的行为小妙招。

① 注意仪表。

一个人保持整洁、得体的仪表，有利于增强自己的自信心。英国赫特福德大学的一位教授曾提到，衣服可以影响人们的心理过程和认知，最终你的穿着会影响你的自信程度。书中强调了一个理念，即"穿什么就是什么"。一项关于"怎样能让人更自信"的调查显示，女性感觉自信的十件事情中有新发型、脚踩高跟鞋、涂唇膏、喷洒香水，男性感觉自信的十件事情中则有刚刚剃完胡须、刚刚刷完牙、做了新发型、穿新西装。所以，女性给自己买一支喜欢的口红，男性坚持天天洗头，都是提升自信心的好办法。

当然，除了穿着得体，还可以练习随时保持昂首挺胸、肢体舒展、面带微笑等。

② 正视他人。

有些人不够自信的表现之一，就是习惯性地低头和眼神躲闪。不正视别人通常意味着：在你旁边我感到很自卑；我感到不如你；我怕你。躲避别人的眼神意味着：我有罪恶感；我做了或想到什么我不希望你知道的事；我怕一接触你的眼神，你就会看穿我。因此，你可以尝试锻炼自己在交谈时正视别人的眼睛。正视之前，先做三个深呼吸，放松肩膀，花一点时间感觉自己的双脚稳稳地踩在地板上。然后与自己的内心对话，告诉自己：我是稳定的！我是安全的！我是有力量的！我是有价值的！持续地重复这些话，当你感觉足够自信时，再看向对方的眼睛。记得这样做时要深呼吸。

③ **缓慢清晰地表达。**

有些人讲话很快，并不是因为思维敏捷，而是怯懦、不自信，害怕自己脆弱的观点在空气中暴露太久，会让对方找出破绽，于是只好含糊而过。你不妨尝试讲慢一点，让每个观点掷地有声，让每句话在空气中自由传播，不要太在意听者的反应。在表达的那一刻，坚定地告诉自己：在我的认知范围内，我讲的每句话都是对的；如果不对，我愿意为之承担后果。我敢于发出自己的声音！

④ **记录成功事件。**

专门准备一个"自我欣赏本"，每天用一点时间，记录当天的一些小小的成功，如一次考试分数的提高、一次体重的减轻、一次业绩的增长等。刻意记录你做得不错的事情，写下发生的时间和地点、事件背景、当时的场景、他人的评价、自我欣赏的语句以及情绪感受。

比如：

时间：2021 年 2 月 15 日

地点：家里

事件背景：我请全公司同事来家里吃饭。

场景：我做了一大桌菜，大家吃得可开心了，都不相信我是刚学的做菜。

他人的评价：大家夸我厨艺很好。

我的情绪感受：我特别开心！

自我欣赏语句：××，你真的很厉害！你居然完成了这么难的接待任务，牛！

不要小看这个自我欣赏本，它的作用就像在黑暗的房间里让聚光灯照到自己的优点上。积少成多，你会越来越喜欢自己，欣赏自己。请相信积累的力量。

⑤ **运动流汗**。

选择一项自己喜欢的运动，坚持下去。运动不仅可以帮助我们塑造完美的体型，还有助于我们活在当下。运动时，你的身体虽然在动，但是心灵却会逐渐变得宁静，会有一种能够掌控自己的成就感。

⑥ **精通一项技能**。

找到一件自己喜欢的事情，努力学习，将其做到极致。具备学习能力的人通常都很自信；反过来也一样，真正自信的人通常是因为相信自己的学习能力。所以面对挑战的时候他们不会怕，因为他们知道"大不了去学"。只要花时间真正精通了一项技能，那么学习其他技能的时候心理上就会变得更轻松，这是良性循环。

而且，当你专注地学习一项技能时，常常能进入心流状态，体会到禅定一般的宁静与喜悦。

⑦ **事前做充分准备。**

如果不做准备，就是在准备失败。从事某项活动前，如果能做好充分的准备，那么做事时必然较为自信，也更容易顺利完成。一旦成功，反过来必然又能增强自信心。比如要参加一次演讲，演讲前就在家里反复练习，还可以录制下视频，反复研究。当经过充分准备后，站在台上时，就能比较从容地应对观众的目光了。

做—做到—因做到而受到肯定。重复这三步，我们的自我价值感就会一点点提升。

⑧ **尝试做一件从来没有做过的事。**

通过做一些以前没做过或想做而不敢做的事情，如独自旅行、蹦极、学习一个火辣的舞蹈等，告诉自己"我可以的"。试着摘掉束缚自己的各种标签，不断地尝试进取，发现不一样的自己。

⑨ **加入一个正能量的学习团体。**

好的成长团体是一个巨大的容器，具有疗愈性和陪伴性。在这里你可以结识许多优秀的人，耳濡目染，发生改变。很多我们书院的会员说，他们喜欢到书院上课，因为这里是大家的"第三空间"，氛围很放松、开放，除了有老师的教导，还有大家的相互支持和鼓励，真的是一群人会走得比较远。

以上就是几个快速提升自信的行为小妙招。

第三是通过心理治疗，疗愈重大心理创伤。

如果生命中经历过重大创伤，如被家暴、被打骂、被抛弃、被性侵犯、重要亲人意外离世等，往往需要寻求专业咨询师的帮助，通过专业治疗修复心理创伤。

接受自己，就是以一种温暖、关爱、亲切、宽容和体贴的态度对待自己。批判别人，源自不接受自己。会批判别人，就一定会批判自己。所以每一次批判别人，自己都会受伤一次。

对别人的限制，其实正是对自己的限制。看别人不顺眼，其实是看自己不顺眼。觉得别人不可爱的地方，就是自己不可爱的地方。不满意别人，正是因为不满意自己。你怎样批判别人，就会怎样批判自己。

原来，你真正不能接受的人是自己，而不是别人！

练习 14　优点轰炸

一、此活动共分两部分，先说自己的优点、长处，再听别人说你的长处。

二、成员轮流当被轰炸的人及计时员。

① 自说己长：说出自己各方面（如外表、能力、个性……）的长处或优点。每人必须说完 2 分钟，说完后大家可以给予掌声鼓励。

② 听说己长：由其他成员依次说出你各方面的长处与优点，你只需要安静地听，不可表示不好意思或否认，最后只需要说"谢谢你让我知道。"当所有人"轰炸优点"完毕时，可以给予掌声肯定。

三、完成轮转后再一起分享讨论吧！

① 自己说自己的优点，困难吗？为什么？今天如此练习，说完 2 分钟后，你有何感受或想法？

② 听到别人说你的长处，你相信他们说的吗？你的感觉如何？为什么？在别人"轰炸"你的过程中，你对自己有无新的看法？如果有，是什么？觉得如何？

③ 赞美别人难吗？你常做吗？为什么？这次赞美别人的经验让你有何感受与习得？

④ 整个活动结束后，你的心得与学习到的东西是什么？

第 5 节

看见系统层面的无意识情绪

除了前面章节讲到的意识层面的情绪以及潜意识层面的情绪，还有一些情绪感受来自更深层次的精神世界。

著名的心理学家卡尔·古斯塔夫·荣格最早提出"集体无意识"的概念，他认为，我们人类的行为不仅受到意识、潜意识的影响，还受到更大的"系统"的影响，这个"系统"中存储着基因、地域文化、环境、宇宙等许多我们人类未知领域的信息。

家族系统排列呈现出的就是这样一些非常神奇而有趣的现象。德国心理治疗大师伯特·海灵格经过 30 年的研究，在无数的个案咨询后发现了这一神奇的规律。他通过现象探究引发问题的根源，力求呈现隐藏在现实背后的系统层面的"真相"。排列师通过呈现出来的现象推测由"系统"而来的信息，然后加以解读和利用，达成治疗的目标。这与老子的《道德经》所诠释的"道"有相通之处，因此海灵格非常推崇老子。

通过家族系统排列，我们可以体会到系统中其他成员对我们情绪感受深刻而难以觉察的影响，哪怕那个成员从未出生或者已经不在人世，系统也会记录下他们的信息，而这些信息则会在无意识的层面对我们产生深刻的影响。我们可能经常会感到莫名的悲伤、恐惧、愤怒，似乎在现实中很难找到触发这一情绪的源头，但我们就是会受到这一情绪的影响，那么它很可能就来自系统中的其他信息源头。

比如在局部范围或者世界范围发生了一些重大的灾难性事件，很多人虽然没有亲身经历，也没有看到相关的新闻，却能感知到灾难中集体的情绪感受。有些身体非常敏感的人甚至会无缘由地深陷其中。

表观遗传学的研究发现，历史上出现过重大饥荒的族群的后代，天然有一种对于食物无法满足的饥饿感，哪怕物质条件已经不会再让他们挨饿，他们也始终会对食物的匮乏有一种天然的恐惧和焦虑。这些信息被存储在我们的基因中，并在家庭系统的传承中潜移默化地复制先人的模式或者是某些情绪感受，我们称之为"家族的共同命运体"。这些信息都是非个人的，都是属于系统中的信息，而我们个体作为接收器，收到了这些信息，并且通过一些情绪感受甚至是行为表现出来。

如果你对于家族系统排列有兴趣，想了解更多，可以去看我的排列导师郑立峰老师的《家庭系统排列》，以及海灵格的《谁在我家》等书。

> **练习 15　与母亲的情绪能量分离**
>
> 请准备一个安静而不被打扰的空间和时间（40分钟），跟随音频的引导，探索与母亲的连接，在实修中体验哪些情绪和信念是属于母亲的，哪些是属于你自己的，有意识地感知这两者的区别。

练习 16　与父亲的情绪能量分离

　　在实修中体验哪些情绪和信念是属于父亲
的，哪些是属于你自己的，有意识地感知这两者
的区别。

　　如果是小组成员一起跟随音频引导做上面
的两个练习，做完后可以跟同学们分享各自的收获与体会。

职场关系

第 4 章

高情商是怎样修炼的

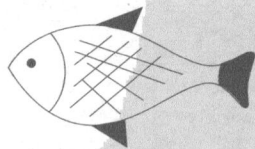

被领导批评了怎么办?

遇到自己讨厌的人就心堵?

工作总是做不完, 怎么调整?

被领导批评了怎么办

被领导责骂、批评了怎么办？怼回去？这样做当下或许痛快了，却会留下许多后患。选择隐忍，把一腔的怨气都憋在肚子里？但是这样一来，带着情绪的我们又如何能够安心做事呢？

小齐大学刚毕业就应聘进一家广告公司做设计，她的主管是一个非常严苛的人。她的设计稿经常被退回反复修改，而且每一次主管总会说她几句："现在大学生的水平就这样吗？""你做的东西甲方五块钱都不会出！""上个世纪的构思还在用，有点新意可以吗？"小齐敢怒不敢言，有时候只能在卫生间偷偷地抹眼泪。时间久了，一想到要面对领导，要交设计稿，小齐的内心就无比恐惧。工作经常一拖再拖，被批评的情况更加频繁。同事开导小齐，说领导就是这个脾气，没有针对她的意思，习惯就好了，可是小齐还是不知该如何面对领导的批评。

面对这种情况，首先，我们要进行情绪急救。比如当面对上司或权威的严厉斥责时，大多时候我们是不能也不敢申辩或者反抗的，因为如果针锋相对，就有可能招致更加猛烈的攻击，让自己和对方的情绪更加恶劣，这对事情的解决并没有帮助！那么当愤怒的情绪升起，我们也意识到了它的存在时，我们可以用舌尖在上腭画十个圈，截住那些攻击的语言；同时深呼吸，让自己肩部放松下来，把右手的拇指和食指轻轻捏起来，集中注意力去感知两根手指的触碰，将自己的熊熊怒火带到一片清凉净地。

如果面对领导时，你感到身体紧绷，很久都没办法缓过来，那么可以尝试用一种姿势来舒展，让身体呈现一个"大"字，比说可以靠在椅子上或者躺在沙发上，或者把双手交叠在脑后，总之就是尽可能舒展我们的四肢。或许这种动作会让我们看起来很滑稽，但是只要坚持 3 ~ 5 分钟，紧绷的身体就会逐渐放松。我们可以通过肢体的动作影响大脑激素的分泌，从而感到更有力量。

接下来，我们可以通过前面学习的情绪管理的知识，运用一些方式，先将这些情绪能量释放出去。当情绪的飓风暂时止息之后，我们便可以开始思考为什么会产生这样的情绪，以及它背后的根源是什么。情绪是一个送信员，每一封信都来自我们的内心，每一个负面情绪也许都有它的正向价值。

通常，在遭受领导批评的时候，拥有不同信念认知的人可能会衍生出不同的情绪。

一、伤心和委屈：我已经很努力了，你怎么看不到？

产生这种情绪，是因为把苦劳等同于功劳，试图用委屈来掩饰目标：我做了，但我不对结果负责。想想看，这有没有一点自欺欺人的味道？他们习惯性"忙碌"，但却很难看到成绩；他们在小时候可能有一个"辛苦"的父母，或者习惯了被父母安排做事情，缺乏属于自己的目标和思路。

二、愤怒和难过：我怎么做你都不满意，你肯定是在针对我！

出现这种情绪的人通常是完美主义者，比起批评让他们感到的"没面子"，批评带来的"挫败感"更加令他们痛苦、饱受打击。因为完美主义者通常自我要求很高，自律性也较好，批评带给他们的负面情绪就是让他们认为自己不完美、不优秀，有些极端的人甚至认为领导就是在针对自己。

三、生气和挫败：这不是我一个人的责任，这种后果主要是××造成的，为什么你不批评他？

你如果经常出现这种情绪，就要警惕自己是不是习惯性地逃避责任。这对职场人来说非常危险。没有企业或领导愿意重用一个经常推脱责任的人，因为他们聘用你就是让你来解决问题的。如果预见或发现资源不足、支持不够，就应及时寻求领导的帮助，而不是到了最后才"甩锅"。

四、自责和羞愧：我真是没用，这点事都做不好，领导以后再也不会重用我了。

拥有这样情绪的人自我价值感很低，很容易陷入"事情做不好＝我不好"的认识误区，经常自我攻击，也容易极端化，放大后果的严重性。然而这样的想法无论对于个人的成长还是公司的利益而言都毫无益处。领导批评你，目的只是希望得到更好的结果。这时与其自我贬低，不如从情绪中走出来，想一想更好的达成目标的策略，完成任务，得到领导的认可。

我们成年后的许多模式都在重复着幼年时期的经验。与领导的关系呈现的是我们与权威的相处模式，最早的"权威"就是你的父亲或者母亲。若小时候与父母相处得轻松愉快，我们就不会惧怕权威；若小时候与父母相处时很紧张、有压力，那么那些冲突模式和常有的情绪很容易投射到现在我们与领导的关系中，形成相似的重复体验。所以这也是自我成长的好时机，提醒自己：领导不是我的父母，我也不再是个孩子。我已经长大了，当我被批评指责时，我需要用成年人的姿态去面对。

1. 自我转化训练四大妙招

妙招 1："意义换框法"，将消极情绪转化为积极情绪。

通过前面的情绪 ABC 理论的学习，我们知道，情绪产生的根源是内在的想法和信念，信念不同，情绪就会不同。现在我们可以用"意义换框法"来转化信念。

例如：主管挑剔我的工作，所以我感到愤怒和委屈。

思维过程分析如下：主管挑剔我（A 事件），我认为他在针对我（B 信念），所以我感到愤怒和委屈（C 情绪）。现在我们调换一下顺序，首先将情绪 C 调整为正向情绪，比如"积极和开心"；再把 B 信念放在最后，用"因为"来造句。句式如下："主管挑剔我（A），所以我感到积极和开心（B），因为……"，然后反复思考如何将这句话补充完整，建议你找出 6 个以上不同的版本，然后选出一条最适合你的语句，反复默念直到你可以真实感受到积极和开心的情绪为止。作为范例，我们列举了 20 条新的信念，你可以试着找出最符合你感觉的一条，然后读一读，看看和原句相比，它带给你的感觉有什么不一样。

主管挑剔我，我感到积极和开心，因为：

① 这让我有所进步；

② 我可以努力做得更好，让他无从挑剔；

③ 这可以提升我的能力；

④ 这可以让我学会和挑剔的人共事；

⑤ 这可以使我的工作更加严谨细致；

⑥ 这可以促使我更接近成功；

⑦ 这可以督促我努力超越他；

⑧ 这可以让我下决心离开这里；

⑨ 这可以让我未来创业更容易成功；

⑩ 这可以让我有更高的效率，拿到绩效奖金；

⑪ 这可以让我工作更有条理；

⑫ 这可以让我因此学习更多；

⑬ 这可以让我学会管理自己的情绪；

⑭ 这说明主管器重我，对我寄予厚望；

⑮ 这可以让我更容易达成我的梦想；

⑯ 这可以让我更积极主动，看问题更全面；

⑰ 这可以让我百炼成钢，更优秀；

⑱ 这说明主管在用心培养我；

⑲ 这可以让我表现得更好；

⑳ 这可以让我有机会更好地理解挑剔的人。

我们可以在工作中的方方面面运用同样的方法，比如说：

领导批评我，一定是我工作做得还有不完善的地方，这可以使我积累更多经验，吸取教训，未来避免犯同样的错误，使我成长和进步。

领导批评我，因为领导对我寄予厚望，如果领导不重视我，可能会换人来做这份工作。领导批评我，说明我还有机会做得更好，努力证明自己优秀，告诉领导他没有看错人。

领导批评我，因为他相信我有能力承受。他不批评别人，只批评我，说明我在他心里是有担当、能挑大梁的人。

领导批评我，让我有机会理解作为下属被批评的感受。未来当我成为领导的时候，我可以更加理解下属被批评时的心情，可以调整我的策略，让下属更加信服我。

…………

意义换框法是 NLP（神经语言程序学）改变信念的技巧中非常快速、简便的方法。我们只需要改变语言的模式，便能得到想要的结果，重新修改我们的内在信念，它使我们看到，面对同一件事情，我们可以创造无数的意义和可能性，找出其中最能给自己帮助的那一项,改变事情的价值,让绊脚石变为我们成长的踏板,让自己有所提升。

事件本身是客观的、中性的,因为过去我们赋予了它负面的价值,所以事件便成了负面的事件;如果我们将负面的价值转化为正面的价值,人自然可以变得更加积极。

回忆一件最近在工作中发生的令你有情绪的事件,按下面的格式写出来:

事件的客观描述 + 情绪感受 + 信念认知

例:早上我迟到了 5 分钟,主管当着所有同事的面说我没有时间观念,我很生气。我认为我只是这一次迟到了,并不代表我没有时间观念,这样评价我显然不公平。

然后运用意义换框法格式进行转化:

事件的客观描述 + 想转化的情绪感受 + 原因

例:早上我迟到了 5 分钟,主管当着所有同事的面说我没有时间观念,我很高兴,因为这说明主管是时间管理的高手,我要向他请教提高自己时间管理能力的方法。

多写几条,然后观察自己的感受有什么变化。

妙招 2:"榜样对标法",构想你的榜样会怎么做。

思路:如果我是 ××(某一个你信赖或者敬佩的人),他会怎么想、怎么做呢?

榜样是我们非常重要的心理资源,每个人心里都或多或少会有一些令自己喜欢、敬佩或者崇拜的对象，他们代表着我们心中想要成为的样子，拥有着我们渴望拥有的某些美好的特质，这意味着我们身上本身也具备这些美好的特质，只是还没有那么强大。

想象自己现在是那个榜样，当他遇到这种情况，他会怎么想、怎么做呢？用这个人设重新审视和思考眼前的问题，我们便会拥有更多的选择和应对策略。

比如，假设小齐的榜样是乔布斯，那么她可以这样问自己："如果乔布斯在刚毕业的年龄遇到这样的情况，他会如何做呢？"她可能会想，乔布斯执着地追求工艺和美感，领导批评他，会给他不断精进的动力，使他精益求精地做出自己心中最完美的作品。她可能会想到，当年乔布斯离开自己一手创立的苹果公司，最后王者归来，成为传奇，这得有多好的情绪管理能力和抗压能力！当小齐想到这些，她便有能力从自己的情绪中走出来，将注意力更多放在创造力上。领导的挑剔和指责，不但不会让她沮丧，反而会成为成就她做出更完美的作品的重要推动力。

如果是你，你能够在自己的榜样身上找到什么样的力量呢？

设定一个你的榜样（可以是你身边的人，也可以是虚拟人物），然后闭上眼睛，想象你的榜样就站在你的面前，然后对他说："我很喜欢／欣赏／崇拜你，因为……"，然后站起来走到你所设定的榜样的位置，继续闭上眼睛，想象你就是他，然后感受你刚才所表达的那些美好特质就在你的身上，激活它们，用深呼吸将这些感受深深植入你的记忆。最后，感受榜样在这种情况下会怎么思考和行动。

妙招 3："向未来自己借力法"，思考未来的你会如何看待当前的问题。

闭上眼睛，深呼吸，放松自己，想象你有一个神奇的魔法棒，挥动一下，它就可以带你穿越时空，回到过去或者走向未来。现在你挥动它，让它带你来到三年后。三年后更成熟的你是什么样子？你在公司是什么职位？你拥有了哪些能力和才干？三年后的你看着现在被领导批评的你，想对你说些什么？她可能会对小齐说："小齐，我是三年后的你。你会越来越好的，别计较那么多，这点儿打击算什么？现在抓紧时间多学点儿真本事，将来当主管才更有底气，加油！"或许这样一想，小齐看到的会是领导对新员工迫切的期待，希望她可以快点成长，此时的严苛反而是一种关爱，因为当她做得更好，达到更高的位置，她才明白职场的竞争多么激烈。如果不能快速适应职场的节奏，完成大学生向职场人士的身份转化，那么她有可能面临更大的危机，相比受到批评指责，被淘汰会让她的自信心受到更严重的打击。

做完这个练习，是不是感觉好多了？

当我们受困于当下的情绪或者事件当中时，常常只能看到现在无力的自己和难以解决的困难。但人是发展变化的，小时候遇到的那些困难在现在看来或许不值一提，是小事一桩；同样，你此刻所经历的问题和困难对于未来更加成熟的你而言，可能也只是一些小问题。那么，为何不能求助未来的自己，发现自己本就拥有的那些处理问题的能力呢？要知道办法永远比问题更多。

时间是一剂良药，用成长与流动的思维看待事物的发展与变化，往往就能发现，面对那些让我们无法前行的阻碍，我们已拥有了更多可以跨越它们的资源。

妙招 4："逆向思考法"，思考即便领导不合情理地批评我，我可以从中收获什么。

相信你一定可以想出更多好办法，正向积极地面对领导的批评。正面的批评可以点醒自己，让自己发现错误，避免以后犯类似的错误；负面的批评也是锻炼自己逆商的好时机，人受得了多大委屈，才能配得上多大的成功！有领导愿意指出你的问题、批评你，对你中长期的职业生涯发展来看未必就是坏事。

2. 乔哈里视窗重要启示

记住：批评不等于挨骂！

其实有时候我们将批评看得太严重，只是因为我们从内心认同了对方所评判的话语。也就是说，在你心里也有一个声音告诉你，这些问题都是你身上存在，但你还没有足够觉知的地方。人的目光永远是对外审视的，若是没有一面镜子，你很难发现自己的发型是否凌乱，脸上是否有污点；若是不愿低头，你也无法看到自己的衣服是否有破洞。如果没有别人的反馈，我们很难清楚而客观地认识自己。他人的反馈就是一面镜子，一面可以使你更加了解自己的镜子，而"批评"只是其中的一面而已。

在心理学中，有一个著名的概念叫作**"乔哈里视窗"**。

这个模型根据我们对知识的认知以及他人对我们的认知，将人际沟通信息分成了以下四个区域。

公开区：自己知道、他人也知道的信息。通常是一些公开的信息，比如工作中的姓名、职位等。

盲目区：自己不知道、他人知道的信息。典型的就是为人处世过程中，自己往往意识不到的情商低的表现，而跟自己相处的人更加了解自己。

隐藏区：自己知道、他人不知道的信息。每个人都有一些自己的秘密、独特经历不希望他人知道，这无可厚非。但在职场中，需要适度打开隐藏区，让别人感受到自己的真诚。

未知区：自己和他人都不知道的信息。这一部分属于信息黑洞，我们通过某些偶然的机会或许能了解具体情况。

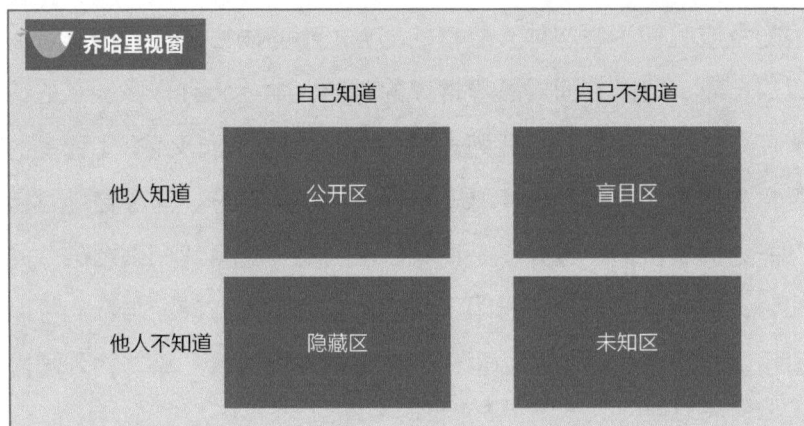

乔哈里视窗是一个可以帮助我们更加完整了解自己的模型理论，我们可以借助它完成自我认知和迭代升级的过程。

我们还是拿小齐来举例。

在公开区域，我们很容易得知小齐的姓名、年龄、性别、身高、体重、外显的性格等信息。这一部分他人看得到，小齐自己也很清楚自己是这样的，就属于公开区，公开区的信息是非常明确的。

盲目区域是他人知道而我们自己可能没有看到的部分。我们需要通过"镜子"才能有所觉察，了解到"他人眼中的自我形象"。比如小齐在新入职场时，可能不知道自己的能力与职场要求还有一些差距，她可能会觉得"我已经很努力了""这已经是我可以做到最好的程度了"，但是从领导的视角看，小齐还有成长的空间，这便是小齐对自我认知的盲区。当然我们并非鼓励小齐努力活成他人眼中的样子，但是通过他人反馈中的客观信息，反求诸己，小齐能更清楚自己的定位和自己的成长方向。

隐藏区域，是我们极力隐藏的自我的部分，可能是我们的一些隐私或我们不愿与他人分享的部分。小齐内心深处可能有着深深的自卑，所以在面对领导批评的时候，她才会有许多敏感的情绪反应，可能在领导批评她之前，她内心对自己已经有了许多的否定和自责，这也是她不愿意被他人发现的部分，这源自她对自己能力的不认同。这并不是说我们需要对外暴露我们试图隐藏的部分，但是这个部分正指明了我们可以成长的方向，当我们可以不用极力隐藏它时，我们也便不会再被外界的人、事、物勾起内心深处的恐惧。

未知区域，是存在于我们潜意识中的特质，可能是我们有待开发的潜能，也可能是我们还未发觉的阴暗面。它像是一座宝藏，蕴含着未知的自我，也代表着人无限的可能性。

所谓自我成长的过程，其实就是不断开拓认知的边界，而接受批评就是一个不断缩小自身盲目区域的过程。当局者迷，旁观者清。很多时候我们对于自身存在的问题或缺陷并没有认识，反而觉得问题并不存在。如果你抱着这样的心态去面对批评，把批评当作成长提升的机会，必然会释怀许多。

练习 17　乔哈里视窗自我探索练习

　　在乔哈里视窗的四个区域中填入关于自我认知的内容，在亲人、朋友、同事或伴侣中挑选三个人，请他们帮助你完成"公开区"和"盲目区"的内容。在理想自我中往往蕴含着"未知区"的许多资源，通过对理想自我的探索，完成"未知区"的内容。

公开区：	盲目区：
隐藏区：	未知区：

练习 18　时间线疗法

　　当我们陷入情绪的低谷时，不防穿越时空回到过去或者前往未来，换个视角看问题，心情立马不同。请跟随音频引导，探索你的过去或未来会带给你怎么的帮助或启示。

第2节

工作中遇到自己讨厌的人怎么办

在我们生活的周围，似乎总有一些讨厌的人。如果他仅仅只是我们在大街上偶然碰到的路人甲或路人乙，那倒也无所谓，可是万一这个讨厌的家伙恰恰是我们的同事或者是我们不得不面对的上司，那要怎么办才好呢？

先来看一看你为什么会讨厌他？

"他长得就让人讨厌！"

"他说话的方式和语气很讨厌！"

"他的习惯简直让人受不了！"

"我讨厌他的性格！"

"他做事情真的很糟糕！"

…………

看起来，讨厌一个人的原因是多种多样的，不管是说话做事的风格还是与人相处的态度，甚至根本无须相处，只凭长相和感觉我们就可以决定是不是要讨厌一个人。

心理学家做过一个试验，让几十个陌生人进入同一个房间，每个人都凭借自己的感觉找出自己喜欢的人、讨厌的人和既不喜欢也不讨厌的人，然后将选出的喜欢的人聚在一起，这时候他在其中又能找出自己讨厌的人。试验结果显示，大部分人在有他人作为参照的时候，都能自动分辨喜欢的人和讨厌的人。看来，自动划分，区别对待，是我们大脑固有的一种思维模式。

小丽最近很郁闷。她和一个同事相处得很不好。小丽本来是一个人缘很好的人，从不与人争执，总是主动帮助同事，工作能力也强，一直是公司的重点培养对象。然而一个新同事的到来让她感到了危机。

与新同事相处一段时间后，小丽发现自己非常讨厌这个新同事。在小丽看来，这个同事自私、强势、固执而又以自我为中心。

小丽在公司这么多年，从没有为自己争取过什么利益。可这个同事却斤斤计较，对自己的利益分毫必争，如果发现上司对自己工作分配有不公平的地方，一定会弄得人尽皆知。但这个同事业务能力很强，做事有股子拼劲，年度业绩排第一，很快被提拔到和小丽同级。被提拔后，这位同事常常公开否认小丽的营销方案，经常提出一堆奇思妙想，而这些想法在小丽看来简直就是不切实际。几次被公开否定后，小丽忍无可忍，气得直哭。

小丽总想息事宁人，但她的隐忍似乎并没有换来对方的友善，这个同事傲慢无理的态度并未改变，还在领导面前指责小丽的工作太过保守，没有创新。小丽被这个同事搞得心情很糟，每天上班都会刻意避免单独见到她，甚至还有了离职的冲动。小丽时常对自己说：不要和这种人一般见识，外面也找不到现在这么好的工作了，凭什么我辞职？

即使这样，小丽的心情仍然越来越糟糕。

小丽该怎么办呢？

如果仔细观察自己，很多人都会发现自己在不同场合或者不同人面前有着不同的性格。这非常正常，一个人的性格确实有好多面，即不同的"子人格"的面。可以说，根本就没有一个不变的你，只有集千百个子人格于一身的你。认识到这一点非常关键，因为当你能全面意识到自己性格的各个方面时，你就可以在不同场合，面对不同人时，展现你性格中最适合的一面。当你发现自己不具备面对某种场景的性格时，你也可以尝试去发展它。

回到小丽的事件。如果小丽敢于直面和这个同事的冲突，有力量守护自己的利益，这个同事或许就不敢对她如此傲慢无礼。可她拥有的却是一个讨好型的人格。我们来探究一下，为什么她会成为这样的人呢？

小丽是家里的长女。很小的时候，她就发现，当她乖巧安静、听话懂事的时候，父母会表现得特别喜欢她，嘉奖她，表扬她；而当她难受大哭或者闹脾气的时候，父母就会表现出心烦、讨厌的情绪，甚至会批评她。后来家中有了弟弟，父母对她的关注和喜爱也变得比原来少了一些。小丽委屈伤心的时候，就会用任性、耍情绪来表达，希望以此获得父母更多的关注。但是这种行为在小丽家中可能是不被赞赏的，父母会批评她："你怎么这么不懂事？""你是大的，应该让着弟弟。"她发现，表现出这个"强势"自我不仅不能得到父母的爱，可能还会遭到父母的批评。而且她发现，当她表现得乖巧，用照顾弟弟去取悦父母时，她又会重新赢得父母的赞赏。

于是，她渐渐明白了"取悦他人，收敛自己"对自己有利，她也发展出人格中重要的一面——讨好型。随着她越来越多地运用"讨好型"获得父母的认可和喜欢，这个模式也便随着她的成长固定下来，成为她的主人格。

随着年龄增长，她不断用"讨好型"的性格特点获得外界的资源和周围人的肯定，于是"讨好型"这个部分在她生命中就愈发强大，她会在内在形成一种信念：我应该做一个友善的、照顾他人的人，即便损失一部分自己的利益，也要顾全大局，回避冲突。

可是她越回避冲突，就越不知道应该如何应对冲突，最终面对冲突的她会选择回避或隐忍。但她性格中"强势"的自我并没有消失，只是被她刻意地隐藏了起来。

现在，当小丽碰到一个强势的人，她会反感、讨厌这个人，因为这个人身上有被她强烈排斥的性格特点。但讽刺的是，当一个人越发反感一种性格时，恰巧说明这种性格也存在于她的"自我系统"中，只是被禁止表达了。纪伯伦在《沙与沫》中写道，当它鄙夷一张丑恶的嘴脸时，却不知那正是自己面具中的一副。

这个同事是小丽没办法取悦讨好的人，这个百试不爽的套路在同事这里无效，所以面对这个同事时，她可以让自己"讨好型"的自我暂时退下，让潜伏多年的强势的自我登场。

小丽需要做的是觉察自己性格中被压抑的部分，尊重自己内在有这样一个自我的现实，允许它成长起来，发出声音。与其压抑讨厌新同事的情绪，不如想想新同事的哪些性格造成了她的顺境，自己的哪些短板又限制了自己的发展。这样小丽才能获得新同事这种性格中所拥有的力量，而不总是选择逃避。如果小丽能学着向这个同事学习，她的人生就会更加平衡——既关注他人，同时也敢于坚持自我，不害怕冲突，内心更有力量。

有一句谚语说"可怜之人必有可恨之处"，我想给它补上一句，那就是"讨厌之人必有可学之处"。

那些表现出令你讨厌的特性的人，很可能就是被你压抑的某一部分自我的显化，是你性格中禁止被表达的一面。他们也极可能成为你人生中的"导师"，帮助你觉察自己性格中缺乏的、被压抑的部分。通过观察他们如何运用这种特质适应环境，你也可以学习如何运用这种性格特质，让自己的生活变得更加平衡。

《尚书大传·大战》中有一个成语叫"爱屋及乌"，即"爱人者，兼其屋上之乌"，说的是喜欢一个人，连他家房顶的乌鸦都喜欢。而下一句是"不爱人者，及其胥余"，意思是若不喜欢一个人，连他家的墙壁都觉得厌恶。

我想你也曾有过相同的感受吧——因为讨厌一个人，连同他所有的一切都会否定。我们由着自己的情绪和喜好去判断是非对错，总要经历一些人或事之后，才会逐渐学会客观地看待他人，有取舍地接纳，而那个讨厌的人也不是一无是处。

我们讨厌一个人，或许是害怕自己成为那样的人。

书院有个"奇葩"员工艳子，她性格乖戾，个性很要强，风风火火，自我感觉良好，很多时候事情没做好，分明是她自己的问题，但她从来不会承认是自己没做好，只认定是别人的错，会找一堆借口和理由为自己开脱。

另一个员工小灵则相反，她个性内敛谨慎，做事情必须三思而行，一旦决定去做，就尽自己全部努力去做，倘若没做好，她会很自责，主动承担责任。

她俩性格正好相反，刚好在同一部门。小灵很不喜欢艳子，觉得她太过自大，推卸责任，从来不检讨自己。她不愿自己成为这样的人。

有一天，部门聚餐，正好聊到一个话题"什么样的女人受男人喜欢"。小灵很没底气，说："反正不是我这样的。"

而艳子的一番话颠覆了她的三观，艳子说："我这样的就很受欢迎吧！没有心机，又有主见，性格直爽，不拐弯抹角……"，小灵完全没想到艳子自我感觉这么好，她觉得不可思议，忍不住问："如果有人讨厌你呢？"

艳子马上回复她："那我更要活得自我，有句话不是说么，'我就喜欢你看不惯我又干不掉我的样子。'"说完，她爽朗地大笑起来。

小灵告诉我，那是她第一次觉得自己应该向这个令自己讨厌的艳子学习：自大一点又怎样呢？未必是坏事，换个角度想，自大其实就是自信啊。

你讨厌的那个人身上的品质，也许就是你最需要增加的部分。那种讨厌其实是一种很好的提醒。

还有一种讨厌，追根究底，其实是忌妒。

单位新来了一位女同事，用元元的话来说，她就是"花瓶"。

"她什么都不会做，报表出了什么差错，她总是装可怜、博同情，然后再承诺一定会改，领导居然也就不责怪她了……"

看得出来，元元是真的很不喜欢这位女同事。同时也看得出来，元元很关注这位女同事。

有一次，元元所在的小组拿下了一个大项目，要参加甲方的一个晚宴，元元犯了难：她从来没有参加过这样的宴会，不知道自己要穿什么衣服，要知道除了正装，她从来只穿运动服，她也根本不会化妆。

最后，正是这个令她讨厌的女同事带她去商场，给她选了合身的晚礼服，在洗手间给她化了精致的妆，还快速地教会了她一些酒宴礼仪……

元元说，那一刻她忽然明白了自己为什么讨厌那位女同事，那大概就是出于同性竞争的一种忌妒。女同事长得漂亮，懂得穿衣打扮，有爱她的男友，情商、智商很高，很善于人际交往……而这一切都是元元不具备的。

所以，我们讨厌一个人，有时不过是借着讨厌的情绪来否定对方的优秀，因为内心里我们不想承认自己不如他。讨厌这份情绪常常可以让我们突破原有的自我，创建一个更新的自我。

这个世界到底是什么样子与这个世界无关，而与你愿意用怎样的方式去看待它有关。

有人说，我们讨厌的人是世界上的另一个自己。我很认同这样的观点，那个令你讨厌的人的优点往往是你身上有待发现的潜质。我们之所以会讨厌一个人，很可能是因为那个人便是我们无法活成的样子。

在没有氧气的地方，厌氧菌就会横行。学习就是给氧和杀菌。从讨厌模式切换到学习模式，是对待周围事物最好的方式。有人打趣说，当你变成你所讨厌的人的时候，你就更加完整了。的确如此。

最后我们来总结一下，如何面对令你讨厌的人呢？可以分三步。

第一步，开启自我觉察的模式，思考：为什么这个讨厌的人的某些特质如此触动我，让我产生这么强烈的情绪感受？这跟我自己有怎么样的关联？

第二步，静坐内省，思考：对方的身上有哪些特质是我没有的、不具备的？他值得我学习的是什么？然后尝试更新自己。就如《大学》中所言：苟日新，日日新，又日新。

第三步，接纳自己的局限，也接纳他人的局限。这个世界上的每一个人都是独一无二的，允许他成为他，也允许你成为你自己。各美其美，美美与共。

练习19　投射转化练习

练习分 2 个部分，共 8 个步骤，可以帮助我们破除因为反感他人而产生的人际障碍。完成整个练习一般需要 20 分钟以上的时间。练习的过程需要专注，需要保持与身体的感觉、内心的深层感受的连接。

练习准备：

回忆自己和谁有沟通障碍，以及自己对这个人的负面评价。回忆相关的场景，以及对方令自己反感的行为，保持对呼吸的觉察，慢下来，体会自己的心理感受和身体感觉。

第一部分：收回投射。

① 他 _____（具体的行为表现，即做了什么）；在我眼里，他是一个 _____（相关的负面评价）的人；我感到 _____（相关的负面情绪）。

如：他借了我的钱不按时还，在我眼里，他是一个自私的人，我感到愤怒。

② 我眼里的自己，是否也有像他一样的时候？如果有，举一个具体的例子。

如：我眼里的自己，也有像他一样自私的时候。比如为了冲业绩说服客户买过多的产品。

③ 觉察自我：我在什么状态、内心有什么感受时，才会有例子中那样的表现？

如：我当时压力很大，内心很害怕，怕业绩不达标会失去晋升机会，才让客户买过多的产品。

④ 体会自己那样表现时的身体、心理感受和对自己的评判。

如：我让客户买过多产品的时候，身体紧张，内心害怕。我觉得自己很自私，不值得被信任。

第二部分：转化投射。

⑤ 换位思考：他可能在什么状态、内心有什么感受时，才会有那样的表现？

如：他可能资金紧张，很害怕，怕还了钱以后没钱救急，所以不敢还钱。他可能真的手头很紧，没钱可还。

⑥ 提醒自己：如果我在内心判定他不好，也就会判定和他一样的自己不好。

如：我判定他不好，不值得被信任，就也会判定自己不好，不值得被信任。

⑦ 我还想不想继续责怪和反感他，同时也继续责怪和反感我自己？为什么？

如：我不想继续责怪他和责怪我自己了，因为这于事无补。

⑧ 我是否愿意靠近、了解他，寻找满足双方需求的办法？如果愿意，我准备怎么做？

如：愿意，我准备打电话给他，听他聊聊最近的情况。

检视：如果我们正确地完成了投射转化练习，就会收回投射在他人身上的人格碎片，收回自己的资源，让自己变得更加完整。

第 3 节

如何破解拖延

学员总抱怨说：克服拖延为什么这么难呢？

每天早上到办公室后，第一件事就是刷微博、朋友圈，迟迟不能开始工作；每次准备开始阅读或者学习，才看几页就会分心；和人约会、吃饭，总是拖到最后一刻才开始手忙脚乱地整理，常常迟到。

到底有没有克服拖延的高效方法呢？

其实拖延并不是少数人的特例，假如将拖延作为一种疾病的话，那么按照"患病"人数来统计，拖延症估计会位列全球第一大疾病。心理学平台 Knowyourself 做过一个问卷调研统计，数据显示，大众最想改变的问题就是拖延（占被调研者的 50.46%）。并且在这项调研中，大多数人为拖延做出改变的努力最终都以失败而告终。

几乎每个人都会有拖延的情况，名人也不例外。胡适先生在他的《留学日记》里面有这样一段记载：

七月四日，新打开这本日记，是为了督促自己这个学期多下点苦功，先要把手边的莎士比亚的《亨利八世》读完。

七月十三日，打牌。

七月十四日，打牌。

七月十五日，打牌。

七月十六日，胡适之啊胡适之，你怎么能如此堕落？先前定下的学习计划你都忘了吗？子曰"吾日三省吾身"，不能再这样下去了。

七月十七日，打牌。

七月十八日，打牌。

大师尚且如此，是不是瞬间感觉自己拖延症也没那么可怕了？

就算是专门研究拖延的心理学家也不能幸免，《拖延心理学》

的作者莱诺拉·袁专门研究拖延行为，自己这本书的出版时间却比自己计划截稿的日期晚了两年。

所以拖延是普遍存在的一种心理现象，它是我们潜意识逃避机制的运作：当我们因为做某件事感到抵触、有压力或者烦躁的时候，就可能产生拖延。拖延症是指，在能够预料后果有害的情况下，仍然把计划要做的事情往后推迟的一种自我调节失败的行为。人的潜意识有趋利避害的设置，许多我们在头脑中认为很重要的事，但是完成的过程却会让我们感受到痛苦，我们便会本能地开始逃避接下来要去完成的事情。

或许你会发现，并非所有事情我们都会拖延。如果你有足够的耐心去探究你拖延背后的动机，就可能会发现那些你拖延的事都有一些共同的特性，即引发你深层不适的情绪感受，比如厌烦、无聊、自我怀疑、自卑、焦虑、挫败感、不安全感等。

1. 拖延背后的三种防御机制

当我们陷入拖延的时候，不同的人可能会用不同的形式去防御对这种不适感的感受，这里列举三种常见的防御机制。

回避："看不到就等于不存在。"

我们会刻意回避可能让我们想起"重要事件"的情景，比如本该在书房完成稿件，却坐在客厅的沙发上不停地玩手机。方案的截止日期临近，不是在办公室点外卖，就是莫名其妙想去一家很远的餐厅用餐。这其实是想在短时间内降低"未完成的重要任务"带给我们的紧张和焦虑。

否认或合理化："先处理那些不重要的事。"

在时间管理中，我们会将每日的工作任务按照"重要""紧急"两个指标来进行分类，但是拖延会让我们倾向于先处理那些不重要、不紧急的事情，比如"开始正式工作之前先收拾一下桌子"，"上次放进购物车的商品还没下单，先把这件事解决，我才能安心做事"……

这一类事情往往零碎，但很容易完成，相比"重要而困难"的任务，完成这些事更容易获得一种潜在的自我安慰。

转移注意力："完成不了这件事，我就先完成别的事。"

当我们潜意识判定我们无法完成一项重要的任务时，为了不去感受随之而来的自我攻击和挫败感，我们可能会倾向于做另一件事以寻求"补偿"。比如感觉作业太多写不完，就干脆练习弹钢琴。这样至少能够完成一件事，以降低自己的焦虑和紧张。

2. 什么样的人容易拖延成瘾

那么什么样的人更容易拖延成瘾呢？

第一种是**追求完美的人**。他们认为自己必须表现得完美，否则就不被接纳。所以在处理一项任务之前，他们会先做冗长的准备，所有让任务完美达成的先决条件都必须全部准备到位。这样拖延就不可避免，甚至永远都在准备，一直无法开始。我有一个朋友，他跟我一起学习做视频号，我是边学边做，奉行"先完成，再完美"的理念。他是必须准备到非常好才愿意开始。结果，我做了几个月后，好几条视频火了，涨粉超过 10 万；那时，他才开始发第一条视频。

第二种是**自卑的人**。他们总是会拿自己和别人比较，觉得自己没有真正的价值，自卑感让他们做事十分消极，所以也比较容易在完成一件重要事情的过程中陷入无价值、无意义的负面感受，导致拖延。他们想得多，做得少，或者干脆不做。

第三种是**思虑过多的人**。他们害怕生活中的任何冲突和对抗，总是担心各种不好的状况发生；他们不擅长应对各种消极的情绪反应，所以把任何可能引起这些不好感受的事情一再拖延。

第四种是**缺乏目标的人**，他们看着别人设立目标并实践，自己却找不到方向，就好像没有目的地的小船，漂泊在汪洋大海中，不知道自己要去向哪里。这些人得过且过，混一天是一天，拖延自然也就成了常态。

第五种是**过于忙碌的人**。他们把事情安排得太满，不给自己喘息的时间，于是通常选择先完成简单的任务，而不是做最重要的事情。他们大部分的工作不能按时完成，于是越忙碌就越拖延。

我们很多人都深有体会：工作或是学习拖延了一周，看似过得很轻松，其实心情相当压抑和焦虑，就连做自己喜欢的事情时都会有深深的负罪感。直到最后一天不得不去面对了，才想着恶补时间，通宵加班，废寝忘食。长期积压的巨大工作量让身体不堪重负，头痛、胃痛等各种症状接踵而至，情绪也会变得焦躁、愤怒、沮丧和充满压力。

深受拖延影响的人，生活中总是被各种负面情绪所包围，如果自己不能觉察，周围的人也没有及时给予支持和帮助，就很容易便陷入身心失调的恶性循环当中。

3. 积极克服拖延的七大步骤

那么我们该如何克服拖延呢？具体来说，分为七大步骤。

第一，识别借口。

对于拖延，几乎每个人都有一些常用的借口，比如："现在时机还不太成熟，我要等万事俱备。""今天天气真好，埋头苦干太可惜了，我得出去走走，等天气不好的时候再在家里用功。""今天上班太累了，现在做不是最好的状态，不如干脆休息好了再说吧。"

克服拖延之前，我们首先应该想一想自己常用的借口有哪些。当你意识到这是一个借口的时候，就能觉察到你正在拖延，然后通过当下的情绪感受去关照自己拖延表象背后真正的原因，同时便会相应地在意识层面寻求解决问题的方法。

比如你因为觉得时机不成熟而拖延，经过思考你会发现自己准备不够充分或者是对完成任务没有充分自信，那么你便有了应对的策略：如果准备不充分，那我要思考怎样才可以准备充分，我还可以为达成目标做些什么准备。或者鼓励自己：即便现在时机不算成熟，我也可以尽力试一试。

比如你因为觉得天气好，想出去走走而拖延，可能是因为你此时心情比较紧张、烦闷，想让自己放松一点，那么你可以在你的计划内安排一些娱乐活动，如上午用两个小时工作，下午约朋友去户外踏青。如果确实是身体了发出疲惫的信号，那你也可以调整自己的时间，不必要马上完成全部工作，可以先完成一部分，让自己休息一段时间后再继续完成后面的部分，而不是一味拖延。

所以我们首先要做的并不是对抗拖延，责备拖延的自己，而是要看到自己正处于拖延的状态，以及阻碍我们达成目标的情绪是什么。与拖延和解，也是与你的情绪和解，不再自我评判和厌弃，这点非常重要。

第二，立即行动。

通过观察发现，我们的大脑有一个非常奇怪的机制，就是当你在做一件事情之前，犹豫权衡得越多，时间越久，那么你放弃这件事的可能性也就越大。

比如你一旦开始想"要不要开始写作呢"，那么最后的结果很大概率都是不会去写。因为我们的思维经常服务于潜意识的决定，潜意识是回避痛苦、麻烦，追求轻松、快乐，你越是思考，大脑越会提供更多信息让你服务于它的需要。所以不要试图用跟自己讲道理的方式来说服自己，而是想做什么就直接行动。

想，总是问题；做，才有答案。

就像有人问该如何建立良好的习惯，那么首先就是马上开始去做。拖延的本能常常会让我们产生不适感和抗拒情绪，克服这些感受是建立良好习惯的必由之路。需要起床的时候，不用躺在床上给自己列举起床的必要性，而要直接蹬开被子，跳起来洗个脸就行了。做一份文案的时候，先打开文档，写下标题和大纲，这样自然知道如何写下去。

第三，减少干扰。

拖延就好像一位潜伏者，它往往会被外界的干扰或诱惑触发。当环境中不存在可能的诱发拖延的因子时，我们更容易专注于我们的任务。因此如果你希望在工作中减少拖延，可以尝试在工作之前关掉网络，删掉不需要的软件或者聊天工具；或者把办公区跟休闲区完全隔离开，尽可能避免或者削弱环境的干扰。总而言之，就是通过各种手段营造一个更能够让你专心做事的环境。

第四，分解目标。

假设我们计划完成一篇上万字的工作报告，如果将写报告看成一项任务，我们会感到很有难度和压力。如果将写报告分解成几个不同的小任务，比如查阅资料、列提纲、完成正文、修改完善等，就会提升我们完成每一个小任务的信心，从而降低我们的紧张感和压力，以及对"无法完成任务"的担心和焦虑。如果我们继续细分，还可以把正文部分分解为是什么、为什么、怎么办等几个模块来分别完成，这样自然能感觉更轻松一点。

第五，提升专注力。

如果你正在完成一份企划案，可能同时还有一些未完成的其他事情记挂在心里，比如给朋友的生日礼物、下个月的工作计划、未追完的某个剧等，那么你首先要让自己从很多的任务和灾难性的想法中拉回来，高度关注眼下的工作。解决问题较为快捷的方式就是提升你的专注度。洗澡的时候就专心享受热水冲洗身体的感觉，吃饭的时候就放下手机，好好享受食物的滋味。当我们在每一个整块的时间中都能够全身心地投入，我们的效率自然就提高了，未完成事件自然也就少了，拖延的概率也会降低。甚至在你打游戏，享受娱乐时间的时候，都可以全身心地投入进去，酣畅淋漓地玩，而不用带着对未完成任务的愧疚感，这样你也才能够在工作学习的时候更加心无旁骛。

第六，利用碎片时间。

阿兰·拉金在《如何掌控自己的时间和生活》一书中描述了一种叫作"瑞士奶酪"的时间管理方法：在完成一个比较大的任务过程中，可以采取见缝插针的方法，利用零碎的时间而不是被动等待的整块时间去完成某件事情。利用这个方法，约会的空暇时间、朋友迟到的二十分钟、下班前的十分钟或者是等地铁、等公交之类的闲余时间，都可以变成任你支配的时间，这对于启动一个计划以及计划启动后保持持续性是非常重要的。

第七，即时奖励。

完成任务以后，散一会儿步、看一场电影、品尝一道美食或者跟朋友聚餐，这些都可以当作对自己即时行动的一种犒赏。奖励是一种正面的激励，它增加了你重复完成一件具有挑战性任务的可能性。当你达成了一个目标，奖励会让大脑释放多巴胺，使你感受愉悦。如果你的行为模式可以引导你获得更多成就的体验，那么多巴胺带给你的快感就会和你的行为模式联系起来，当你再次面对任务和挑战时，这种模式就会自动支持你去完成它们。这就是我们常说的"用成功吸引成功"。即时地给予自己完成任务的奖励，拖延自然会离你越来越远。

4．习惯性拖延背后的深层需求

以上是从时间管理的角度，从大脑认知的层面改善拖延的方法和策略，可是在生活中，有一些拖延来自更深层的复杂心理活动，无论你如何分解任务、营造环境、激励自己，还是会习惯性地拖延。这种情况很有可能是我们的心理动力出了状况。这时候就需要借助一些专业的心理帮助，探索内心动力不足的原因，或者说探索拖延作为潜意识的"策略"，它满足了你怎样的心理需求。

一、情绪与压力的影响。

心理学家蒂莫西·A·皮切尔说，拖延症是一种情绪调节问题，而不是时间管理问题。

如今，人们工作和生活的压力普遍很大，很多人又欠缺减压的正确方法，容易掉入"因为心情不好而拖延，因为拖延心情更不好"的死循环。应付自己的情绪都要用掉大部分的心理能量，更不用说很好地完成任务了。此时很多人会出现害怕自己没有能力处理的情况，于是干脆选择拖延，其实这是压力过大、情绪积压太多的征兆。有的人甚至对于一些可以让心情放松的活动项目也选择拖延，比如朋友聚会、郊游之类，因为人际交往也是需要耗费精力的，即便人们明白当下这些活动对自己有帮助，但无奈情绪和压力的包袱仍让人难以迈开步伐。这种情况下，拖延只是手段，不是真正的问题，情绪和压力才是问题。

二、害怕成功或是害怕失败。

这可能缘于我们有一个受伤的内在小孩，这是他曾经对抗父母的一种模式。比如我们小时候完成一项任务等来的可能是父母的挑剔和指责，在我们潜意识中就留下了"完成任务可能面对着惩罚"的不良体验。所以此时的拖延具有一些"功能"，比如让我们晚点面对可能到来的惩罚。另外，有一些孩子从小都在完成一个又一个任务中度过自己的童年，那么"完成"可能意味着后面有无穷无尽的任务等着他，那么他就宁愿做得慢一点，在拖延中寻求喘息的时间。这种情况下的拖延其实是对自我的保护。

三、降低预期值。

这一类拖延者的背后都有一个完美主义的父母，这些父母的要求和标准被内化为孩子自己的要求和标准，所以他们期待一个超高的、不可能完成的目标。完美主义者是拖延的重灾区，他们的拖延实际是一种"自我设障"，用一些外界的因素阻碍自己可以"完美"地达成目标，这样一来，即便结果可能不尽如人意，至少有一些"外部归因"可以掩饰"我不够完美"的感受，策略性的拖延也总好过全力以赴却依然没有达成理想结果所带来的挫败感。

四、自我缺失，找不到真正喜欢和想做的事情。

如果一个人从小生活在被强操控的环境中，没有机会发展自我意志，一切都被安排好，或者被母亲"吞没感"的窒息的爱的包围，不得不先满足别人的需要，那么他们就很难真正感受到来自内心的真实热情。他们做什么事情都没有动力，被人安排的事情则能拖就拖。如果是这样，那么首先要做的事情就是重新"寻找自我"，点亮生命的火把，这样热情就会顺势延伸，扩展到生命的各个方面。

我们是自我生命的主人，一旦我们知道自己要的是什么、面对的是什么，知道自己拖延背后真正的原因是什么，我们就开启了自动觉察的模式，拖延自然而然就开始慢慢离你而去。

> **练习 20　建立自己的生命日历**
>
> 创建一个表格，一共 4680 个格子，每一个格子代表我们生命的一周，假设我们可以活到 90 岁，这张表格就代表我们所有的生命。然后将代表过往时光的格子涂黑，在代表你未来的人生中每一周的格子中填下你在这一周最想做的事情。
>
> 生命日历可以帮助你珍惜生命的每时每刻，并提醒你"我此刻拖延的是什么"。

第 4 节

拿什么拯救你，我的焦虑

在职场中，压力无处不在：明天要跟领导汇报工作，自己还没准备好；即将要参加一个重要的演讲，自己还没想好主题；年底了，业绩压力大，自己的工作离考核达标还有一大截……总之，各种焦虑扑面而来。

焦虑经常跟压力结伴而行，但在生活中每个人焦虑的表现方式却不太一样。有的人在焦虑的状态中比较容易丧失行动力，越是一大堆的任务压着没有做，越是没有办法让自己开始行动；越是没有行动，也就越发感到焦虑。

而有的人恰恰相反，感到焦虑的时候反而容易过度行动，变成工作狂，不休不眠，给自己增加很多不必要的工作量，导致工作远远超出身体和心理的承受范围。

还有一些人焦虑的时候，容易对某些东西上瘾，比如酗酒，沉迷游戏，过度饮食，或是沉溺在网络世界、脱离现实等。

面对焦虑，我们可以做些什么呢？

其实经常感受到焦虑是高智商的表现。2015 年的一项调研统计发现，焦虑水平高的人在智商测试中表现更好。西方临床心理学对于焦虑和绩效的研究证实，适度的焦虑可以驱使我们获得某种动力，完成一些事情，以此达成更高的绩效。实际上，能感受到焦虑的人比完全不焦虑的人更容易获得成就。

比如我们在面对公众演讲时感到焦虑，那么这份焦虑就会促使我们在上台演讲之前特别认真地精心准备，反复演练，从而表现更好。所以焦虑往往能够把压力转化为成长的动力。另外，焦虑也可以预知危险，保护我们，帮助我们回避掉一些无法应对的危险的事情。比如害怕信用卡透支后，还不上而影响自己的信用值，我们就会提前做好财务规划，不乱花钱。

生活中常见的焦虑有两种：第一种是对当前的行为不满而引发的焦虑；第二种是对整体状态不满而引发的焦虑。

对当前行为不满引发的焦虑是指：当你现在特别想做某一件事情，但是达成目标又需要面对一定的困难，那么这个时候人就会本能地感觉到麻烦而想要逃避，而逃避的结果就是产生焦虑，这些焦虑会不断提醒我们还有未完成的事情要做。比如你下个星期有一个面试，当你感到焦虑的时候，你会怎么做呢？

有人会去打游戏，或者找朋友吃饭，或者不停地泡在网上的各种碎片信息中。这些行为都不能真正消解焦虑，而只是暂时转移了注意力，让人不去感受那份焦虑而已，属于逃避的方式。但如果我们可以沉下心把面试中可能出现的问题罗列出来，然后找家人或朋友模拟面试提问的场景，遇到一些问题的时候及时地总结和调整，这样反复几遍，你对面试就有了信心，焦虑自然就缓解了。

逃避的方式只会让我们更加焦虑；只有勇敢面对，才能获得焦虑带给我们的成长动力。

有的朋友也许会这样说：我没有逃避，我也很想面对我要完成的目标，但我依然还是感到非常焦虑。怎么办呢？

比如为了考试，你给自己定下每天要背 100 个英语单词这样的目标，可是目标定下后，每天刚背几十个单词，你就开始各种拖延，越拖延就越着急。当临近考试，看着自己距离自己的目标越来越远，更加感到焦虑和挫败。其实我们每个人心里都有一个"理想的我"和一个"现实的我"，当理想的我和现实的我之间差距太大的时候，人就会产生焦虑感。这就像我们身体中两股对抗的能量："理想的我"要求自己每天要背 100 个英语单词，可是"现实的我"却达不到这样的要求。那么就会产生两种结果：要么精疲力竭地背完，获得的成就感却很少；要么没有完成目标，进而感到挫败和自责。

那我们该怎么办呢？

1. 应对行为焦虑的目标二分法

"二分法"的目标管理法，就是在设定目标和任务的时候，可以为自己的目标设置两个完成度：一个叫作完美目标度，另一个叫作合格目标度。比如我们设定每天背 100 个单词的目标，那么背完 60 个就可以达到合格目标度；如果背完了 100 个单词，那么就是达到完美目标度了。然后针对不同的目标度给予自己不同程度的奖励刺激，这样既可以改变内心过高的期待，又有足够的空间发挥潜能。如果只有一个最高目标，过高的压力很可能让人失去信心和行动力。通过"二分法"可以转化锚定的目标，当达到合格目标之后，我们心里会认为自己已经达到了最基本的要求。那么在这之后每多完成一点目标，都会增加我们的成就感，继而使我们有持续的动力坚持下去。当真的完成了背 100 个单词的完美目标时，成就感也会爆棚，这会让你更加欣赏和肯定自己的能力。通过增加一个任务目标刻度，可以使我们内心增加一个心理锚定，我们的焦虑程度就会有所下降。

假设你想阅读一本好书，如果你希望读完三章的内容，那么可以先设定一个合格目标。比如阅读完第一章可以作为你的合格目标，即便你没有读完三章，但想到自己已经完成了读完一章的目标，心理上也会觉得有所收获。那么如果你真的完成了阅读三章的目标，那你就要庆贺自己达成了完美目标。可以告诉自己：我今天真是太棒了！

如果我们将"二分法"推广到人际关系中，我们对于他人的期待也可以发生改变。假如你期望同事是完美的，那么可能只要他有一点点不符合你心意的表现，就都会让你感到非常失望。但是如果你对于人际关系有一个较低的期待，则同样的情况下，你就会发现原来他还不错。

使用"二分法"需要注意的是，不要把合格目标设置得太低，太轻松便可以完成的目标缺乏挑战性，很难让人获得成就感。即便是基础挡位的目标，也需要付出一些努力才能达成，这样在达成以后我们继续付出的每一分努力才是值得鼓励的、让我们感到自豪的。

就拿背单词来说，如果你把基础达成目标设为 30 个，而你很清楚地知道自己完全可以轻松背会 50 个，那么这个目标对你而言就没有任何挑战性，即便完成了，你也很难有获得感。所以首先需要寻找一个临界点，也就是当你刚好能够达成它时，你会觉得自己做得还不错。这个临界点很重要，它基本反映了你当下能力的真实情况，只要超过了这个临界点，每增加一点努力和付出，就都是对自己能力的提升和超越，你便可以嘉许自己，给自己足够的奖励，以获得更多上升和进步的动力。

2. 有效缓解广泛性焦虑的三种方法

生活中第二种常见的焦虑就是对整体状态的不满。

这种焦虑并不指向某一件具体事情，也不是为了达成某一个具体的目标，而是一种弥散性的焦灼感。比如虽然很不满于现状，却不知道自己能够做些什么来改变这种境地，非常迷茫，看不到未来，看不到转机，感觉整个人生都很被动。心理学把这种焦虑称为"广泛性焦虑"。

面对广泛性焦虑，我们可以做些什么呢？

具体来说，我们可以通过一些疏解情绪的方式减轻焦虑的症状，比如焦虑的时候我们可能会感觉坐立不安，很烦躁，紧张，无法放松。这时我们首先需要先看到这些表现，然后认识到我们正处于焦虑的状态，接着让自己安静下来，放松身体，放空自己。

处于焦虑状态的人很容易陷入过度思绪的纠缠当中。有些人会掉进一些自动化的思维模式中，开始否定自己，比如"我很差劲，我比不上其他人，我配不上我想要的东西，我害怕就这样碌碌无为地度过一生"；或者抱怨他人，比如"这一切都是别人的错，是命运的不公，我是因为受了别人伤害才变成今天的样子"。总之，我们会感到非常无奈，无能为力，会认为很多事我们都无力改变。

但是你有没有发现，这些都只是焦虑情绪带给我们的负向思维，我们习惯反复思考那些痛苦的感受和不合理的想法，并且试图说服自己，只要想清楚、想明白了，我们便不再焦虑。但实际上这是我们思维的一个误区。**过度地纠缠于大脑中的想法只会更加巩固这些负向思维与焦虑情绪的联系，造成一种恶性循环，这对我们缓解焦虑毫无帮助。**事实上，如果你试图用你的大脑去对抗情绪，那必将是徒劳无功的。

感到焦虑的时候，我们可以试着从原先的模式中跳出来，告诉自己："这些感觉只是暂时的，焦虑只是暂时的。焦虑是每个人都会经历的，这是再正常不过的事情，没有关系，我可以接受我的焦虑，我不用急着挣脱。我可以感受这份焦虑，它是我忠实的伙伴，我知道它只是想告诉我些什么，我也知道当我收到这些信息的时候它就会离开。"

当我们这样不断地在内心与自己对话，将负向的思维方式调到一个全然关注当下情绪感受的模式，不断重复这样的过程，就会发现自己的焦虑能缓解很多。不必沉浸在过去，不必追究自己到底做错了什么，也不要试图说服自己，只是关注自己此时此刻的情绪感受和身体的变化，然后保持这样放空的状态，四处走走，晒晒太阳，享受美食，听听音乐，做做运动或与人聊天。

接下来，我想介绍三种缓解焦虑状态的方法。

方法一，玩耍。

孩子天生会玩耍，我们都是从孩童的状态成长为大人的，我们内心永远都住着小时候的自己。自从我们变成了一个要对自己、对社会、对他人负责的成年人，我们就好像忘记了该如何玩耍。其实小时候的我们对玩耍都是无师自通的，对吗？如果忘记了玩耍，只是沉浸在工作和欲望中，我们就丧失了对于压力和焦虑的抵抗力。

我们可以每天拿出 10 分钟释放自己孩子的天性，允许自己做一个小孩子。对有孩子的人来说，跟自己的小孩一起玩耍是非常不错的选择，这样既陪伴了孩子，享受了亲子时光，又能补充心理能量，让自己减压。如果没有伙伴的话，我们还可以和自己玩，比如折纸飞机、画画、随性舞蹈、大声歌唱、做手工编织、玩乐高，随便玩什么都可以，只是不要触碰那些电子产品，如 iPad、手机、电脑等。

方法二，做需要动手但不需要动脑的活动。

这种活动比如收拾一下房间，洗一下浴缸，刷一下马桶，擦一擦镜子等。

从事一些切实的并且可以立刻看到成效的活动，比如收拾完房间马上就可以看到整洁又干净的效果，会让自己特别有成就感。这些事情都属于需要我们活动身体才能完成的事情，当我们专注于这样一些事情的时候，焦虑感也会降低很多。

方法三，练习呼吸放松，坚持正念冥想。

这是非常有效缓解焦虑的方法，对躯体症状比较明显的人来说尤其有效。有些人在焦虑的时候会呼吸急促、入睡困难、心跳加快等。针对这样的状态，简单易行的方法就是做呼吸放松的训练。

找一个安静、舒适的地方，保证不要被人打扰，然后闭上眼睛，把注意力都集中在自己的呼吸上。一呼一吸之间在心中不断默念"呼气，吸气……"，将所有的意念和精神都集中在呼吸时身体变化最明显的部位，然后感受这一呼一吸时的状态，这就是较为简单易行的呼吸放松法。

还可以找一些自己喜欢的、适合自己的冥想音乐，以及帮助呼吸放松的冥想引导词。经常聆听它们并且跟着引导做练习，不仅能缓解焦虑，还可以有效提升我们的专注力。

总而言之，我们需要学会和焦虑做朋友，因为它时不时就会来光顾，我们无法完全避开它，也无法将它拒之于门外。你越是抗拒，越想要将它踢出门外，它就会用越发强大的力量与你对抗。因为焦虑是我们的一部分，我们永远无法战胜我们自己，最多双方打成平手，但也是两败俱伤。当它出现在你门前时，不妨换一种思路，打开门，请它进来，它能够来，也就一定会走。

如果一个人常年处于焦虑的状态，那么他的身体症状和情绪症状也会直接影响到他的工作和人际关系。如果其已经发展成为严重的焦虑症，躯体的变化已经严重影响了我们的生活，那么我建议及时求助专业的心理咨询师或者相关医院的心理医生，请他们帮助你解决问题。

德国诗人里尔克有一句诗是这样的，**我们必须全力以赴，同时又不抱持任何希望，不管做什么事，都要把它当成全世界最重要的一件事，但同时又知道这件事根本无关紧要。**

或许这便是我们对抗焦虑的有效的方法。

练习 21　缓解焦虑的冥想练习

扫码参加呼吸冥想，坚持每天冥想，有效缓解焦虑情绪。

亲密关系

第 5 章

解决了情绪就解决了一半的问题

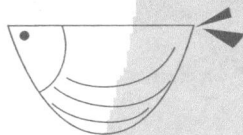

好的亲密关系，让人如置天堂；
不好的亲密关系，让人如临地狱。
多数人不是不想爱，而是需要提升爱的能力。
两个人发生冲突时，闷在心里难受，大吵一架伤人，
到底怎么沟通才有效？

第1节

女友特别情绪化，该怎么办

前几天，书院员工小历找我谈事情，我顺便问了一句："准备何时结婚啊？"他没好气地回答："和谁结婚？"我吃了一惊。小历去年谈了一个女朋友，姑娘很漂亮，职业、家境和小历都很般配，两个人恋爱谈得很热乎，怎么就要分手了呢？

小历和我诉苦，恋爱初期他觉得女孩很不错，开朗活泼，非常爱小历。可是相处久了，小历发现女孩一个让人无法忍受的特点——太过情绪化。

"她开心时，我怎么都行。她不开心时，我做什么都错。最可怕的是，我根本不知道她什么时候开心，做什么让她开心，她的情绪变化速度就像六月的天气，一言不合就说分手，我伺候不了了啊。"

他的难受我也有所了解，我和这对小情侣见过两次面。记得有一次大家一起在外面吃饭，两个人本来甜甜蜜蜜的，忽然，小历开了一句我们旁人看来无伤大雅的玩笑，女孩当场翻脸，扔下我们一大桌人，扬长而去，小历追也不是，不追也不是，场面非常尴尬。

小历说："姑娘是个好姑娘，只是脾气一上来，简直让人受不了，动不动就吵着要分手，让人疲惫得要死，和这样的人过一辈子，想想就可怕。"

小历的讲述让我想起一个朋友的遭遇。

他结婚一年多，孩子只有五个月，但他还是毅然决然离了婚。短暂的婚姻生活，他总结出七个字——一言不合就爆炸。

他老婆脾气特别大，给他买一件衣服，他提一点意见，扭头就回娘家，一个月不接电话。

在高速上开车，吵起来，他老婆可以冲动得直接拉开车门，跳车。

一次婆媳争执，他老婆拿着剪刀比着脖子，吼着"你再说，我就扎死自己。"

他每天回家，都像到地狱，心神俱疲，让人生无可恋。

以上两位女性的共同性格特点都是情绪化。

一个情绪化的人就像一个出场自带龙卷风的人，飞土扬沙，摧枯拉朽。也像一座活火山，随时有爆发的危险，让人害怕靠近。

情绪化到失控，是一种很可怕的事。

2011 年，广东东莞，一名产妇抱着孩子出院归家途中，与丈夫发生争吵，突然将婴儿从出租车抛向外面的车流。

2015 年，上海一个男人因为几条短信，怀疑妻子不忠，怀恨在心，一怒之下找岳父理论，失手酿成灭门惨案。

每次看到这样的新闻，都会感觉窒息。我们经常听一些人说："哎呀，其实我这个人刀子嘴豆腐心，能赚钱，能看娃，就是有点情绪化。"

我真想说，不要搞错了，光是情绪化就让人受不了了。

不要用任何事实或理由来粉饰情绪化。严重的情绪化和抑郁症是一样的，是病，得治。

情绪化到一定程度，情绪的暴力，跟肢体的暴力造成的伤害是一样的。生活在情绪失控者的周围，自信、愉悦和秩序，都会被粗暴摧残；伴侣每天承受惊恐、压抑和绝望。

1. 情绪化到底是什么

情绪化，就是一个人的心理状态容易受外界因素干扰而波动，不能用理性控制自己的行为，在情感强烈波动的情况下，做出缺乏理智的事情。

我们在面对万千世界的时候就是会有丰富多变的情绪，这是正常的反应，它会自动产生，因此我们可以接纳并允许一个人有情绪。有丰富的情绪不是一件坏事、错事，反而说明这个人很有趣，活得很真实，能够对情境做出相应的反应。

情绪化之所以具有破坏力，不是因为情绪变化多而快，而是行为缺乏理性支配。换句话说，**造成伤害的不是情绪，而是顺着情绪做出的行动。我们每个人都会产生很多情绪，有没有情绪并不是问题，能不能用理性支配情绪下的行为才是问题。**

因此，我们需要讨论和制止的，不是有没有情绪，而是将情绪过多地付诸行动。比如说，你可以愤怒，愤怒是允许的，但是你不能因为愤怒而伤害他人。

所以说，理性对情绪下行为的支配程度，代表着一个人的成熟程度。

在解释了情绪化这个概念后，我们来初步分析一下情绪化产生的原因。

情绪化通常在什么人身上表现得特别明显？

对，就是小孩。

婴儿会通过哭声来"控制"妈妈。在婴儿的世界里，当他一发出需求，就会渴求自己的想法能够立即实现。对于一个婴儿来说，他主要的需求就是吃喝拉撒玩，所以，如果妈妈能够及时回应的话，他的主要需求就能够得到满足。那么对于婴儿来说，他会觉得这个世界是可控的，是安全的。因为有了可控感、安全感的心理基础，孩子会更容易接受现实生活中的挫折和拒绝。

如果需求没有得到及时的回应，婴儿就容易产生被抛弃感，觉得自己不可爱，不值得被爱。当孩子逐渐长大，这些感觉会促使他不断寻找安全感。而恋爱会让人的行为退行到婴儿状态。很多人都在用婴儿的心理状态谈恋爱，用婴儿的状态要求对方以父母的方式来爱自己，就是无论我怎样，你都可以无条件地允许、接纳、包容。这种情况在女生中更常见，就是不断试探男友是不是能做到无限包容自己，这种试探和求证方式常常表现为情绪化。

情绪化强烈的人，生理年龄增长了，心理年龄却没有增长，行为像婴儿时期的表现。

另外一种情况就是，这种激烈的情绪化反应背后，有心理按钮和创伤事件，我们在前面的章节已经讲过，不赘述。如果有重大创伤事件，建议寻求专业的心理咨询师的帮助，进行有针对性的治疗。

2. 为什么女性更容易表现出情绪化

这是和女性特有的生理及心理特点息息相关的。

从大脑看，女性具有更大的"情绪脑"，她们有面积更大的眶额皮层，而眶额皮层主要是情绪产生的区域，与我们对情绪的处理以及对环境的主观评价等有密切关系。所以生活中女性的行为更容易被情绪左右。

除了脑结构和脑功能的差异，荷尔蒙分泌水平的差异也是使男女情绪存在差异的一个因素。女性从青春期直到更年期，荷尔蒙分泌水平的波动显著大于男性，这也使女性的情绪波动比男性更大。

心理学中有一个概念叫作"情绪易感性"，指的是人感知情绪能力的强弱，以及受情绪影响的程度。通俗地说，叫作"情绪敏感性"。有意思的是，男女感知积极情绪的程度是相似的，不同的是，女性更易感知消极情绪，她们在面对消极情绪时反应比男性更激烈。女性在遇到蛇、老鼠，甚至毛毛虫，多数会尖叫着匆忙躲过；在殡葬会上，你会发现女性家属表现得会更痛苦；一段亲密关系的结束，给女性带来的心理冲击会更大。所以，女性由于有更强的负面情绪易感性，所以是各种情绪障碍病症的高发人群，更易患上抑郁症、社交恐惧症以及泛化性焦虑症等。

3. 情绪化的人，该怎么做

我们聊了这么多关于情绪化的原因、表现，那么我们在生活中应该怎么应对和化解情绪化的问题呢？

男人们，面对情绪化的伴侣请不要只是发火或者冷战，让"爱情的小船"说翻就翻。请多一些耐心，请看到她反复无常的情绪背后，可能是童年时没有被父母看到的伤痛，可能是一个小女孩在渴求爱、呼唤爱，请耐心倾听，平静沟通，正向鼓励，温柔表达，帮助这个小女孩长大。

如果你是一个情绪化的女性，请不要只会生闷气，或者期待自己只要一个眼神，伴侣就应该明白自己心里在想什么。你如果还想维系这段情感，请一定要重视情绪化的危害，在生活中加强对情绪化问题的化解。

首先，当发觉自己的情绪开始激动时，为了避免爆发，请先给情绪做"紧急包扎"。

迅速离开现场，可以在心里默数 10 下，然后深呼吸。正如一位妻子告诉我的："一到那时候，生气还来不及呢，什么话顺嘴就说什么话呗。"道理谁都会说，但情绪不好的时候，的确很难冷静下来思考。所以，怎么在气急败坏的情绪里快速冷静下来，才是最重要的。

在这里，给大家分享一种方法，可以用来帮助自己。这是一个心理学的小练习，叫作意象对话。简单来讲，意象对话借助具体的意象呈现案主的潜意识，让他更好地体验自己内心的感觉。这个练习可以帮助我们在情绪即将失控的时候，及时觉察和调整，从而快速抽离，不掉进情绪的旋涡。

方法如下：找一个合适的姿势，坐下或躺下都可以，只要是你觉得放松的姿势就可以；闭上眼睛，让自己静下来，尝试着做三次深呼吸，然后想象一片无边无际的、蓝色的大海，海上波涛汹涌，狂风大作，好像要吞没一切；此时，你想象有一轮月亮挂在天边，一轮明亮的圆月，它静静地照着这片海，任由这海翻起巨大的波浪，月光始终静静地照着、照着……

有很多朋友在做了这个练习后都说，自己好像比以前平静了许多，生起气来不再没完没了，在一些过去准会闹僵的场合，现在也不会闹僵了。

做这个练习的好处就在于，你会知道你自己正在生气或者即将生气，你对于自己的情绪有了及时的察觉，从以前对情绪的不知不觉到当知当觉。这个练习中想象的画面相当于映射这里有两个我：一个是正在发脾气、有情绪的我，好比汹涌的海洋；另一个是察觉到自己有情绪、看着那份情绪的更智慧的我，好比那一轮月亮。及时抽离出来，大脑的理性功能就开始复苏，我们就不容易情绪化了。

其次，尝试情绪言语化。

就是学会识别并用语言表达自己的情绪，而不是用行动。你可以结交一两个知心朋友，尽量把自己的烦恼与忧愁向他们倾诉，以减轻自己的心理压力。如果找不到合适的倾诉对象也可以写日记记录心情。要注意的是，小时候如果没有人教你如何用语言表达情绪，那就要重新学习语言化。比如，"我现在觉得很生气"是情绪语言化，"我现在觉得很委屈很受伤"是更成熟的情绪语言化——相比意识到愤怒，意识到委屈和受伤是更深层次的。

最后，完全平静下来，探寻自己情绪背后的问题。

闭上眼睛，问问自己，为什么会有情绪？这种情绪是什么？它触碰到了我的什么心理按钮？我的内在小孩想表达什么？他需要什么？我现在该如何关爱他？我可以为他做些什么？这里可以参照第 3 章的内容多做相关的练习。

我想对容易陷入情绪化的女孩们说，请把你们向外指责的手伸回来，多看内心，找到情绪化的根源，并勇敢面对它。告诉内心那个无助的小女孩，我已经长大，我有足够的力量，我值得被爱，无须向外求证。

女孩们，**稳定的情绪是你们内心的锚，只有情绪稳定了，感情才能稳定，一切才能平稳向前。人生既短暂又漫长，要成为一个成熟稳定的人，找到一个成熟稳定的人，才能风雨并肩、相互扶持，这样才能走得更远。**

练习 22　学习情绪的语言

需求得到满足时的情绪：

兴奋　喜悦　欣喜　甜蜜　感激　感动　乐观　自信

开心　高兴　愉快　幸福　平静　自在　舒适　放松

振作　陶醉　精力充沛　　兴高采烈　　踏实　振奋

放心　满足　安全　喜出望外　　开心　欣慰　温暖

无忧无虑　心旷神怡

需求未得到满足时的情绪：

害怕　担心　焦虑　忧虑　忧伤　沮丧　灰心　气馁

恼怒　愤怒　烦恼　苦恼　不高兴　失望　困惑　茫然

震惊　麻木　筋疲力尽　萎靡不振　沉重　惭愧　内疚

妒忌　尴尬　着急　泄气　生气　寂寞　遗憾　紧张

绝望　厌烦　孤独　疲惫不堪　不舒服　伤感　不满

心神不宁　心烦意乱　郁闷　凄凉　昏昏欲睡　难过

悲观　不耐烦　无精打采　不快　悲伤

请最少写出十条你经常体验到的情绪，以及你伴侣经常表现出来的情绪。

第2节

如何在亲密关系中恰当表达愤怒

我的学员小霞和小峰是一对相恋三年的情侣。小霞性格内向，不擅表达，在一些生活习惯的磨合中对小峰有些不满，却不知道该如何沟通和表达，经常将一些情绪闷在心里，但时间久了心里就会有无名火，冷不丁便会出口伤人，搞得两人不欢而散。

这是大多数人在亲密关系中的体验：先是忍受，感觉好像有一堵无形的墙阻隔两人之间的亲密感；然后到忍不住的时候情绪就会爆发，长期积累的怨气常常会让对方无所适从，或者让对方感觉小题大做、无理取闹；严重的时候会爆发激烈的争吵，互相攻击，如果频繁这样，则会让相互的感情被消磨殆尽。

如果吵到最后还是无法达成共识，很多人便会选择逃避——不去面对问题，关闭心门拒绝沟通，不表达内心真实的想法。或者用合理化的方式说服自己相信关系本来就是这样，如"婚姻是爱情的坟墓""爱情就像泡沫，美丽却易破""所有的婚姻都是这样的"等，对于情感关系采取消极的态度。还有很多人会一头扎进工作或者兴趣爱好，借此转移注意力，这也会令关系走向冷漠和疏远。

伴侣间该如何合理表达愤怒，既不伤感情又能让对方了解自己的心情呢?

举个例子,在你生日的那天,期待收到男友的礼物,结果他居然忘了这一天是你生日,啥也没送,你的内心充满了各种愤怒和难过的情绪,你该如何恰当表达呢?

第一,陈述客观事实,不加主观判断。

什么叫陈述客观事实?"昨天是我的生日,没有收到你的礼物。"这就是事实,它像镜子一样,反映真实发生的事情。

那什么叫主观判断?"昨天我过生日,你居然连礼物都没送,完全忘了这个事。""居然""完全忘了"这都是主观判断。

第二,表达自己的感受,不评判对方,不评判自己。

什么叫评判对方呢?比如小霞对小峰这样说:

"你为什么就记不住我的生日?把我追到手就不珍惜了吧?我就知道你们男人就这个德行!"

"你根本就不在乎我!"

"你一点都不爱我!"

这些语言就是评判对方。带有个人主观判断的评价,常常糅合了许多非理性成分,这些评价的焦点在于对对方的行为甚至人格层面,具有很强的攻击性。当对方感到自尊和人格遭受了攻击,就会激起他的自我防御:有的人会否定,为自己争辩;有的人会反击,找出对方的弱点进行攻击。最后两个人谁也无法说服谁,在对与错的层面争得头破血流,你插我一刀,我踹你一脚,一来二去，争吵不断升级，硝烟弥漫。

在这样的争吵下几乎没有人可以幸免冲动。相爱的人对彼此的熟悉往往超过旁人，所以深知对方的弱点和软肋，当在争吵中失去理智，就会想着如何更深地伤害对方，就像歌中所唱的那样"我最深爱的人伤我却是最深"，本该最亲密的两个人往往因此滋生怨恨，甚至关系破裂难以修复。

什么叫作"不评判自己"呢？

比如小霞这样说：

"你为什么连我的生日都记不住？是不是因为我长得不漂亮，学历也不够高，配不上你？我就知道你嫌弃我。我就是个没人爱的可怜虫！"

说着，眼泪唰唰地掉下来。

其实小霞可以冷静下来仔细想一想，她所表述的这些内容，真的是事实吗？

"连我的生日都记不住"就代表他一点儿都不在乎我。这个推论，是真实的吗？

从"我长得不漂亮，学历也不够高"就推断出我配不上他。这个推断，又是真实的吗？你真的是"没人爱的可怜虫"吗？

你是否质疑过大脑里这些此起彼伏、纷乱无绪的念头？如果你没有质疑过、核实过，那么只凭自己主观推测就相信这样的评判一定是正确的，这对自己公平吗？对你的伴侣公平吗？

我问小霞，关于对方忘记你的生日，有没有其他一些可能的原因呢？比如，真记错了日子；或者最近特别忙，工作压力很大，忘了；或者他最近手头不太宽裕，想着省点是点儿；或者他心情不好没顾上。既然有这么多可能性，为什么不先核实再作出判断呢？为什么要预先设定一个令自己受伤的情节呢？如果连你自己都不相信自己是值得被爱的，又怎能会相信别人对你的爱呢？

所以我们需要学会如何区分"感受"与"评判"，多表达自己的感受，而不是主观评判。

什么叫作表达感受呢？

如果小霞这样说：

"昨天是我的生日，没有收到你的礼物，估计你忘了这个日子，我感到很伤心。"

"我很期待你送我一份生日礼物，可你却忘了，我觉得好难受"。

这样的语言就是在表达感受，表达的焦点不在于指责和批判对方，而是客观地描述事实，然后回归自我，表达内心真实的情感。这样就不容易激起对方的防御和对抗，还会将对方关注的焦点拉回到你的身上，让他有机会思考为什么你会有这样的情绪。

第三，学会厘清"感受"与"评判"，学会使用表达感受的词汇。

练习：以下句子哪些是表达感受（I feel）的，哪些是表达评判（I think）的？

A. 我觉得你不负责任。

B. 我觉得他是个忘恩负义的人。

C. 我觉得你很焦虑。

D. 我觉得他不在乎我。

先自己动脑筋做判断，然后再往下看答案。

参考答案：选项 C 是感受，选项 ABD 是评判。

除了选项 C，其他都是在表达评判，你答对了吗？

那么究竟什么才是"感受"呢？

感受与评判的区别又是什么？

简单来讲，感受是内心的某种体验，通常会以情绪的方式显化出来，而评判是头脑中产生的思想和认知，通常表现为二元化，会有好坏对错、高低贵贱之分。

感受源自心，评判出自脑。

感受又可以分为正面感受和负面感受。现在我们来罗列一些表达感受的词汇。

正面感受：快乐、开心、平静、愉悦、舒服、自在、满足、欣慰、振奋、安全、踏实等。

负面感受：害怕、担心、焦虑、忧郁、紧张、绝望、伤感、烦恼、苦闷、茫然、震惊、沉重、厌烦、孤独、疲惫、累、忌妒、尴尬等。

对于大部分人而言，感受到愤怒是容易的，但看见和承认悲伤并不容易，因为这往往意味着要承认自己的伤口和脆弱，往往会带来不安全感。如果我们分享这种脆弱和委屈，可能会担心别人因此看不起自己，觉得自己不够好。

而愤怒作为一种防御姿态，由自己指向他人，保护了我们的脆弱和委屈，却也阻止了其他人走进我们的内心。有时候伪装得深了，连自己都找不到生气背后真正的缘由。

但是，**通往亲密关系的必经之路恰恰是分享脆弱！**

人与人之间深层次的联结，常常不是通过分享喜悦，而是悲伤！ 当你有情绪时，真实地表达自己内心的感觉，勇敢地分享脆弱，反而会让亲密关系更加紧密而深入。

第四，学会提出具体可行的期待，而不是笼统的要求。

无效的沟通往往会表现为通过吵架、人身攻击、道德审判、翻旧账，从痛贬对方的口舌之快里找到安全感和优越感。如果你想做到有效的沟通，首先从明确你的期待开始。

你想要的是什么？

"我想要丈夫对我好。"这太笼统了！怎样才叫对你好？对方需要具体做些什么才会让你认为是对你好？

"我想要他关心我。"也太笼统了！重点是，对方要做到什么才会让你感觉他是关心你的？

你需要学会向对方提出具体的期待。

"我希望你在我生日时给我买一束花，这样我就能感觉到你对我的好。"

"我希望你今后一定记得我的生日，给我一个祝福，这样我会觉得你心里有我。"

这才是具体的、具备可操作性的要求。

我们总以为对方如果爱我，就应该知道我心里怎么想，就应该知道我说的是什么意思。而事实上，爱你和对方知道你心里怎么想完全是两码事，对方没有猜的义务，而你有告知的责任。

我们做一个有趣的练习：将以下要求笼统的句子，修改成有具体期待的句子。

A. 你能不能有点儿上进心？

B. 我希望你关心我。

C. 你就不能多关心关心孩子？

参考答案（答案不唯一，仅供参考）如下。

A. 亲爱的，我希望你晚上陪我一起看看书，多学点儿知识。

B. 亲爱的，我希望你帮我分担点家务活儿，我一个人做这些太累了。

C. 你周末能在家多陪陪孩子吗？或者带他出去散散步？

总结一下，在亲密关系里，我们如何恰当地表达愤怒呢？我们来学习萨提亚家庭治疗里的**"一致性沟通"**模式。

案例：老公经常回家很晚，令我很生气，我要怎么表达呢？

① **陈述客观事实**："××，当我看到（听到）你……的时候"，一定要讲客观的"镜子"语言，是什么就说什么，没有形容词，没有主观评判。如"老公，当我看到你连续三天晚上 12 点回家的时候"。

② **表达情绪感受**："我的情绪感受是……"，感受是内在的

情绪和感觉，不是评判，不是观点和道理。如"我的情绪感受是焦虑、担心和愤怒"。

③ **表达观点想法**："我之所以有这个感受，是因为……"，这一句是在诠释这些情绪背后的你的想法和观点是什么，让对方更清楚地知道你为什么会有这些情绪，你是怎么想的。如"我之所以有这些感受，是因为，我觉得你是不是不想跟我在一起？你是不是不爱这个家？你是不是在逃避我？"

④ **跟对方核对，听听对方的想法**："我想知道你是怎么想的"，听对方的想法。

⑤ **表达期待和渴望**："我希望……我的期待是……我想要的是……"，期待通常是具体的、行为层面的；渴望是抽象的、精神层面的。如"我的期待是你每周有三天可以早点回家陪我，我的渴望是被关爱，被重视。"

我们把这段话完整地表达出来，就是这样的："老公，当我看到你连续三天晚上 12 点回家的时候，我的情绪感受是特别焦虑、担心还有愤怒。我之所以有这些感受，是因为，我不知道你安不安全，会不会出什么事。还有，我在想你是不是不想跟我在一起，你是不是不爱这个家，你是不是在逃避我。我想跟你核对和沟通一下。我的期待是你每周有三天可以早点回家陪我，这样我会感觉被关爱、被重视。"

这样是不是既避免了吵架、生闷气，又如实表达了自己内心的真实想法，给了彼此沟通交流的机会？有人会说，可是我做不到呀，当我有情绪时，怎么可能这么心平气和地说话和沟通呢？

所以，有效沟通的前提是，充分地处理好了情绪。在情绪激烈的状态下根本不可能好好沟通，你得先运用前面三章所讲的方法和技巧稳定自己的情绪，然后再与对方沟通。

至于你提出的期待，对方愿不愿意满足，是否能够做到，并不在我们的掌控之中。结果会受到许多因素的影响，你可以期待，但不能强求。每一个人都不是为满足另一个人的期待而存在的，如果对方能做到，那你需要感恩，因为那不是他一定要做的；如果对方做不到，我们要看看是否要调整期待。如果这个期待对你而言非常重要，而对方又确实满足不了，那你得问问自己，是否愿意为了这段关系和这个人，放下或降低期待，或者想办法自己满足自己。

每一份负面情绪的背后，都藏着一个未被满足的期待。我们要先看到这个期待，然后正视这个期待，不要让这些情绪和期待破坏了来之不易的亲密关系。

我们要**学习表达愤怒，而不是愤怒地表达！**

练习 23　表达愤怒

回想与伴侣之间曾经发生的一件事情或存在的一个问题，这事情或问题令你生气或有不满情绪，但一直没有机会认真地表达出来。

运用本节中叙述的"一致性沟通"模式的五步话术，将自己的情绪完整地表述出来。

第3节

夫妻总在琐事上有分歧，怎么化解这些矛盾

夫妻关系可以说是所有家庭关系中稳定系数最低，难度系数最高的关系，因此，需要特殊对待，"刻意经营"。

大到孩子的教育理念，家里买房买车的规划，小到牙膏是从中间挤还是下面挤，早餐是应该吃面还是吃面包，家务活谁做，孩子谁带，两个人都可能会有分歧和矛盾。

数据显示，夫妻离婚的理由中排名第一的并不是家暴、出轨，而是家庭琐事！当婚姻的新鲜感和激情褪去，只剩下现实的柴米油盐酱醋茶，这些琐事成了婚姻生活的"主角"，消磨了夫妻间的耐心与容忍，分歧和矛盾积重难返，最终导致夫妻关系的分崩离析。

有一对夫妻，结婚八年，总为生活中的一些小事情争吵。比如，丈夫是一个"急先锋"，而妻子却是一个"慢郎中"；丈夫喜欢吃咸的，妻子喜欢吃清淡的；丈夫喜欢旅游，爬一整天的山精神依旧很好，而妻子爬到半山腰就疲惫不堪想回头；丈夫认为在家就应该随意和让自己感觉舒服，可是妻子就喜欢把家弄得干干净净，所以看到先生东西乱丢乱放，就会生气，指责丈夫不爱惜她的劳动成果。

前不久，妻子提出离婚，原因是之前她出差三天，一身疲惫回到家却彻底崩溃：厨房里堆着没洗的碗筷，茶几上堆着吃剩的泡面盒，垃圾桶的垃圾已经溢出。

她花了两小时把家里收拾了一遍。当她最后打开洗衣机时，发现洗衣机里的衣服还是她出差当天洗完的，当时她提醒丈夫记得把衣服晾上，可丈夫却忘了。

看着洗衣机里的衣服，她委屈地号啕大哭，对一直在打游戏的丈夫说："离婚吧！"

有人说，为了这么一点芝麻小事闹离婚，太矫情了。婚姻生活中的琐碎，说出来可能真是很矫情，可咽下去的确很辣嗓子。让伴侣感到难受的，从来都不是山高路远，而是鞋里进了一粒粒的沙子，还要艰难前行！

在我的婚恋课堂中，总有人会问这个问题："夫妻之间该如何消除冲突和矛盾？"

当一个人这样提问的时候，是以两个假设为前提的：一、好的婚姻关系中应该是没有冲突和问题的；二、婚姻中的矛盾冲突是可以消除的。那接下来的这段话要划重点了！美国心理学专家约翰·戈特曼博士通过实证调研发现：即使是非常幸福的夫妻，他们的婚姻中依然有 69% 的问题是无解的。也就是说，夫妻间的很多矛盾是必然存在的，并且这些问题没有完美的解决方案。婚姻再幸福，一生中也会有至少 200 次离婚的念头和 50 次想掐死对方的想法。听起来是不是让人觉得很"丧"？

那么夫妻关系就没救了吗？难道婚姻就真的成了"爱情的坟墓"吗？

研究者对于那些幸福的夫妻进行了长年的跟踪调查，发现他们同样面临着那69%无法解决的问题，他们不是没有差异，他们只是没有让这些差异成为问题，懂得跟这些差异和平共存。

化解冲突的秘诀，不是要消除差异，而是要与差异共存。

如何做呢？

第一，接受彼此是不同的。

不要指望对方跟你完全一样，这是做梦。你无法让对方变得跟你完全一样，你要接受你们有相同点，也有很多的不同。夫妻关系不会因为两个人的不同而出现问题，却会因为双方不能够接受这些不同而出现问题。把自己的意愿强加给对方希望改造对方，这样的行为才会破坏关系。因为这意味着"吞噬"和"抹杀"另一个人的"自我"。

我们经常听到分手的伴侣讲到过不下去的原因时，会说四个字"性格不合"，好像找到性格合拍的人就可以幸福一生一样！现实生活中，根本没有性格完全合拍的两个人存在，就算两个人性情相投，契合度很高，依然还是不可避免会有冲突，而且还不小。为什么呢？因为导致两个人有不同的原因太多了。

首先，男女大不同。男人和女人本身的差异性就非常大，约翰·格雷写了一本书叫《男人来自于火星，女人来自于金星》，书里讲到了男女之间存在的各种差异。这本书令很多夫妻恍然大悟，开始意识到，原来我完全不了解睡在我旁边的这个人，我们的差异居然这么大！

其次，先天气质的差异。每个人的性格不同，有的人内向，有的人外向；有的人以关系为导向，焦点在人，有的人以目标为导向，焦点在事；有的人敏感而脆弱，有的人迟钝而开朗；有人慢，有人急。你想想，若不能彼此尊重和接受，两个性格不一的人每天生活在一起，得有多少冲突？

再次，最要命的是，除了前面的两大鸿沟外，夫妻两人各自的原生家庭环境不同而使他们的认知体系、人生观、价值观也是不同的。互联网上流传着一个段子：你喜欢吃西餐，我喜欢吃路边摊，这不是三观不合；你喜欢吃西餐，我说你装，我喜欢吃路边摊，你说我没品位，这才是三观不合。

罗素说，参差多态是幸福的本源。夫妻之间，存在差异是常态，相同才是非常态。好的关系就是尊重对方与自己的差异，"君子和而不同"。

夫妻关系的第一大"杀手"，就是坚持"我是对的"。多数坚持"我是对的"的人，宁可输掉一段关系，宁可让这段关系支离破碎也不愿放弃自己的立场。而实质上，**在亲密关系中，从来没有一输一赢，要么双输，要么双赢。坚持"我是对的"的人，赢了对错，输了关系。**

关系比对错更重要！每当我们跟对方有不同的想法或观点的时

候，要告诉自己"你也对，我也对，只是我们角度不一样"，看在关系的份儿上能够给自己和对方一份宽容，不去改造对方，不去证明自己。萨提亚认为，人们因为相同而有所连接，因为相异而有所成长。用儒家的话讲，叫求同存异。

第二，发生冲突时充分沟通，学会区分表面立场和深层需求。

比如，夫妻俩抢一个橘子，如果老公不让给妻子，那么妻子可能就会生气。而妻子如果可以停下来，然后问一问自己，我为什么会因为一个橘子生气，我的情绪是什么，这些情绪意味着自己什么样的需要未被满足，那么很有可能发现，原来自己真正想要的不是橘子，而是丈夫可以让着自己的行为，会让她感受到自己是被爱的，被疼惜和被照顾的。丈夫可能没有因为一个橘子上升到这样的高度，也许丈夫只是简单地想吃橘子。那么有没有其他的方法可以让丈夫来表达对自己的疼惜和照顾呢？说不定你只是让丈夫替你倒一杯热水就能感受到了，那么争橘子带来的矛盾自然也就化解开了。

在这个例子里，两个人的表面立场都是想要这个橘子，但是如果夫妻可以花一些时间去沟通彼此的深层需求，就会出现或许丈夫只是想吃橘子，而妻子的深层需求是被关爱——当我们透过表面立场看到背后的深层需求，有些矛盾和冲突自然就化解了。

有一位女士的丈夫很喜欢钓鱼，每个周末都会出去钓一整天的鱼。而她和孩子则很希望丈夫能够在家陪伴他们。因此他们常常为钓鱼这件事吵架，最后丈夫想了一个折中的办法，他带着妻子和孩子一起去钓鱼，本以为事情就可以这样完美地解决了，结果现实和理想相差甚远。孩子在钓鱼的地方大喊大叫，东跑西跑，一刻也安静不下来；妻子希望丈夫陪自己说说话，但丈夫说不要讲话，讲话会导致鱼不容易上钩，于是妻子坐在那里百无聊赖，备感无趣。

后来在家庭咨询中我问这位妻子："如果你的丈夫不去钓鱼，那么你希望他在家做些什么呢？"

妻子说："他本来因为工作忙在家的时间就很少，现在每周都要跑去钓一天的鱼，就更没办法陪伴我和孩子了。"

"其实你并不是反对他钓鱼，只是希望他能够多陪你和孩子，对吗？"我问她。

"是的。"妻子回答道。

"如果可以既不用牺牲丈夫的爱好，同时又能满足你的期待，你愿意接受吗？"

"当然可以，我也不是那么不通情达理的人。"妻子此刻表现得非常善解人意。

我又问丈夫："假如你的妻子允许你每周去钓鱼，但是为了表示你对她和孩子的关心与重视，你愿意做些什么吗？有什么是你可以承诺做到的？"

"我每个月可以抽出一天时间带妻子和孩子出去玩，做他们喜欢的事情。"丈夫想了想，说道。

"如果可以，我还希望你每周至少可以回来吃两次晚饭。"妻子乘机提出了自己的要求。

"如果你不反对我周末去钓鱼，这两点我可以答应。"

于是这个家庭的矛盾和冲突就这样化解了，皆大欢喜。

我们习惯于在行为层面坚持己见，固执地要求对方做某件事，其实并不是对这件事的执着，我们只是希望通过这件事情满足自己内在的深层需求。过于聚焦于某一件事本身的时候，反而忘了真正的需求，"一叶障目，不见泰山"。当我们跳出来，可以看到原来通往目标的途径不止一条，那么我们便很容易找到"双赢"的方案。

探寻深层需求的沟通方法如下。

一、先倾听。A 先说：我为什么想要这样，我是怎么想的，我的深层需求是什么，然后 B 扮演记者提问：我刚才听到你的意思是……你需要的是……我听对了百分之多少。A 不断复述，直到感觉 B 听懂了 90% 左右，角色互换，B 说，A 当记者去听和问。

二、合力寻求双赢。① 头脑风暴，双方分别写下所有能想到的解决方案。② 双方各选出两个自己认为可行且愿意配合的解决方案。③ 在选出的四个方案里探讨最佳执行方案。

第三，反求诸己，自我满足。

或许在我们探索深层需求时最终发现，对方的确没有能力满足我们这些期待。比如，在丈夫的原生家庭是以丈夫为中心的环境，所以丈夫没有养成与他人分享的习惯，那么当他看到有一个橘子的时候，自然就会想到先满足自己而忽略了妻子的需求。那么对于妻子来说，如果真的很想吃橘子，是否可以向丈夫提出要求，一人一半分了这个橘子，或者要求丈夫下楼再买一袋橘子上来，再不成，自己去水果摊买一筐橘子回来吃个够。不管怎样，橘子都不应该成为引发家庭战争的导火索，毕竟因为一个橘子伤害了关系真的得不偿失。

学会自我满足，就是对情绪的自我负责！

第四，聚焦当下，就事论事，不翻旧账。

我经常在课后接待一些夫妻咨询者。两个人你一言我一语，从当下一件很小的事情牵扯出很多陈年往事。我提醒他们：你们因为什么事来咨询。他们一脸茫然，已经忘了最初的事情。当我们陷入是非对错中时，大脑会尽力搜索支持自己正确的一切论据打败对方。一旦陷入这样的对抗，那么矛盾基本上就很难化解了。所以夫妻面对冲突和矛盾，重要的是聚焦当下，就事论事，一事一议，避免矛盾升级和扩大。

总结一下本节内容：接受差异，寻求双赢，自我负责，一事一议。其实，**爱一个人和能与一个人和谐生活在一起，是两件事。我们不是缺少爱，而是缺少爱的能力。冲突客观存在，但我们可以不断提升化解冲突的能力**。

练习24 双向沟通

最好夫妻俩一起做这个练习，或者组员间两个人一组，一人扮演丈夫，一人扮演妻子，进行双向沟通练习。

一、请找到一件夫妻间有冲突的事，按照本节中所讲的探寻深层需求的方式进行沟通练习。如：妻子想让丈夫陪伴去西藏旅行，而丈夫不愿意去。

① 丈夫倾听。妻子说："我为什么想要去西藏旅行，我是怎么想的……我的深层需求是……"

② 丈夫扮演记者发问并核对："我刚才听到的你的意思是……""你需要的是……"，并向妻子核对听对了百分之多少。

③ 妻子听完后不断复述和补充，直到感觉丈夫听懂了90%左右。

④ 角色互换，丈夫说："我不想去的原因是……我的担心是……我的深层需求是……"

⑤ 妻子扮演记者去听和重复，并核对。"我刚才听到的你的意思是……""你需要的是……"，并核对听对了百分之多少。

⑥ 头脑风暴，双方在纸上分别写下所有能想到的解决方案。

⑦ 双方各选出两个自己认为可行且愿意配合的解决方案。

⑧ 在选出的四个方案里探讨最佳执行方案，最终达成共识。

二、分享在这次练习中各自的学习与收获。

第 6 章

亲子关系

父母情绪好，孩子问题少

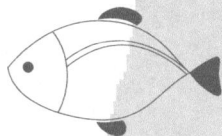

父母内心是爱孩子的，但让孩子感受到爱才是关键！

懂比爱更重要！

孩子有情绪，发脾气，究竟怎么引导才有效呢？

陪孩子写作业的正确方式是什么？

温和而坚定的妈妈是如何修炼而成的？

第1节

孩子有情绪，父母该如何应对

有一次和朋友去一家环境优雅的餐厅吃饭，看见一位年轻的妈妈带着一个三岁左右的孩子走进来坐下，孩子可能因为饿了累了，情绪不太好，他看到旁边桌上有小笼包，立马叫起来："妈妈，我要吃包子，我要吃包子！"孩子的声音很大，还伴着哭声，一瞬间整个餐厅都是他叫喊的声音。其他桌的客人纷纷转过头来瞧着他。

我在想这位妈妈会怎么处理，是大声地制止还是直接给孩子点一笼包子？没想到这位妈妈不慌不忙，跟儿子玩起了假装吃饭的游戏。她说："宝宝要吃包子，你看这儿就有一个大包子，包子怎么吃呢？先拿起一个咬一口，好烫，吹一吹再咬一口，太好吃了！宝宝吃一个，给妈妈吃一个。"一边说还一边形象地配合着动作，刚刚还急得扭成一团儿的小宝宝立马就笑了，这个孩子很开心地跟妈妈玩起了假装吃包子的游戏，直到她们桌上的菜上来，这个孩子都没有再闹过！

我坐在旁边一边欣赏这位妈妈的做法，一边思考，她做对了什么呢？首先她遵循了孩子有情绪时是无法讲道理的规律，先处理情绪再处理问题；其次，利用孩子爱幻想的天性，通过做游戏的方式满足了孩子想吃包子的诉求，安抚了孩子的情绪。

1. 四种错误的应对方式

在生活中父母们几乎每天都要和孩子的情绪过招，孩子闹情绪的时候，作为父母，你的反应是以下哪一种呢？

第一种：利诱。这类父母会说："别哭了，妈妈带你去买雪糕吃。""只要你不发脾气，爸爸就带你去动物园。""你再这个样子我就不让你出去玩了。"

第二种：威逼。这类父母会说："你这个样子不像个男孩子，丢人。""哭什么哭，再哭就打你一顿，自己做错了事还耍脾气，想挨揍！"

第三种：冷漠。这类父母会说："回你自己的房间去，等你不生气了再出来。""要哭你就哭个够吧，哭够了你再来找我！"

第四种：讲道理。这类父母不理会孩子的情绪，自顾自喋喋不休地唠叨："你要懂事，听到没？跟你讲了多少遍，你就是不听！妈妈像你这么大的时候已经很会照顾自己了……""你看你从来都不体谅爸爸妈妈，我们在你身上花了多少心血……"。

面对孩子的情绪，你会有哪种反应？或者兼而有之？

第一种模式：交换型的父母。

交换型的父母认为负面情绪是有害的，他们不希望孩子停留在这种状态中。所以每当孩子哭闹或者发脾气的时候，父母总是第一时间想办法找一些东西，转移孩子的注意力，努力把孩子的情绪修复好。这种反应方式容易忽略孩子深层次的需求：孩子需要被了解和慰藉。如果你是一个交换型的父母，那么你的孩子可能会对自己的感受产生怀疑，孩子会疑惑：我感觉这么糟糕，为什么父母从来都不觉得呢？长此以往，孩子会不信任自己内在的感觉。交换型的父母打断了孩子体验情绪的过程，快速地转移他的注意力，企图用一些"好处"引导孩子从糟糕的情绪中抽离出来，这并不是一种共情的、对孩子成长有利的互动模式，孩子成年后也很容易用"过度补偿"的方式逃避负面情绪带来的糟糕体验。

第二种模式：惩罚型的父母。

惩罚型父母认为孩子的情绪表达只不过是为了撒娇，或者是想达到自己的某种目的，这类父母往往认为如果不责骂或者惩罚孩子，及时制止孩子的这种表达，就会失去对孩子的控制，会助长孩子的不良习惯，养出"熊孩子"。所以他们会非常简单粗暴地用一种惩罚的方式阻止孩子负面情绪的表达，而受到惩罚的孩子则会认为表达自己的情绪可能会带来责罚，甚至被抛弃，他们憎恨自己的情绪又感到无可奈何，缺乏安全感，长大之后面对人生的挑战时也会表现出能力不足，缺乏自信，严重破坏孩子的自我价值感。

第三种模式：冷漠型的父母。

冷漠型父母面对孩子负面情绪出现时的表现，既不否定，也不责骂，他们会让孩子去一边待着，或者任由孩子处理自己的情绪。这类父母认为：我不干涉你，这样我作为父母的责任就已经完成了。孩子因为没有受到父母积极的引导，很可能任由情绪肆意发展，做出不良的反应。比如，一个愤怒的孩子可能会变得更有侵略性，用伤害别人的方式来发泄情绪；一个伤心的孩子会哭闹很长时间，却不知道如何安抚自己。这对孩子而言可能是十分痛苦的，他们感到恐慌，好像掉进一个情绪的黑洞，却不知道应该如何逃出来，有的孩子甚至用自残的方式以身体的痛苦来掩盖内心的痛苦。而在生命中最能够支持他的爸爸妈妈，却没有给他任何帮助或指导。

第四种模式：说教型的父母。

这类型的父母在我们身边非常普遍，他们认为孩子只要明白了道理，负面情绪就会自动消失，所以他们常常热衷于滔滔不绝地讲各种大道理。与冷漠型的父母一样，说教型的父母不懂得如何帮助孩子在体验情绪的过程中学习、成长，孩子会感到孤单和无助，需要独自面对负面情绪带来的痛苦，无力感会更加强烈。而家长的喋喋不休，不仅没有帮助，反而让孩子更痛苦，在已有的负面情绪之上又多了一些不耐烦甚至愤怒，从而导致亲子关系更加恶劣！

以上四种方式是我们传统的处理孩子情绪的常用方法，这些显然都不利于孩子的情商发展，更不是行而有效的情绪管理的方法。那么到底我们应该如何应对孩子的情绪呢？

2. 处理情绪四步法：接受、分享、肯定与策划

举一个例子：当孩子回家闷闷不乐，伤心流泪时，你从老师那里得知孩子参加学校的合唱团选拔落选了，她准备了很长时间，你也对她抱以期望，可是现在她的好朋友选上了，而她却落选了，作为家长你知道孩子现在特别难过，我们要怎样帮助孩子走出这种情绪的困境？

第一步："接受"。

接受孩子在这样的情境下会有这样的情绪。具体的做法：你可以直接描述你观察到的情境，询问孩子的感受，比如当你看到孩子脸上流露出来的悲伤和挂在脸上的泪痕，你可以说："宝贝，我看到你很伤心的样子，可以告诉我发生了什么事情吗？"或者说："你看起来不太高兴，是发生了什么事情吗？"接受孩子的情绪就意味着向孩子表达我注意到你的情绪了，并且我愿意接受你的情绪和有情绪的你。父母需要明白孩子产生情绪一定是有原因的，其实不管是对孩子还是大人，情绪都不会无缘无故地"造访"。虽然在父母的眼里可能是一些非常微不足道的事情，但是在孩子幼小的心灵世界可能是天大的事，我们不能以一个成人的角度去看待孩子所面临的问题，尝试让自己站在孩子的角度，可以更加容易理解和接受孩子当下所处的情绪！

父母需要注意的是，有时候我们询问孩子为什么会伤心，孩子未必能够准确地回答，但是无论他怎样回答，在这一刻你都需要表现出对他的感受的尊重。

第二步："分享"。

分享的原则就是**先处理情绪，后处理事情**。具体的做法是帮助孩子捕捉内心的情绪感受。有的孩子年龄比较小，他们对于情绪的认识还不多，也没有足够的词汇和适当的语言描述自

己的情绪，让他们准确地表达内心的感受其实是比较困难的，
而这就需要父母在平时帮助孩子有意识地训练，你可以提供
一些情绪的词汇帮助孩子描述在那个场景中可能经历的情绪
感受。

父母应该帮助孩子学会把无形的情绪感受，比如恐慌或是不
舒服的感觉转换成一些可以被语言定义的清晰可理解的情绪词语，
让他们能够精准地描述内心的情绪感受。比如上面的例子，你可
以对孩子说："你没有被选上合唱团感到很沮丧，是吗？"或者
说："你会因为朋友选上了而自己没有选上，认为自己没有朋友
优秀，对自己感到失望和懊恼吗？"你看这些都是父母在帮助孩
子定义他的那份情绪。孩子越能够精确地用语言表达感受，那么
这份情绪对他的影响就越小。这是教会孩子把情绪用语言表达
出来。

在这个过程中我们需要注意的是，如果孩子急于表达事情本
身的内容，你可以温柔地把孩子引导回对情绪的描述，比如你可
以告诉他"原来是这些使你不开心，可以告诉我现在你心里的感
觉是怎么样的吗？""难怪你会有这样的反应，告诉妈妈，现在
你心里觉得如何？"

我们需要有意识地将孩子带回情绪和感受的部分，让他有
机会充分地表达情绪和感受，而不是直接问他发生了什么事，
谁对谁错，然后在是非对错上和孩子做许多的评判。孩子需要
一些时间充分地体验和表达他们的情绪感受，这需要父母非常
有耐心。当孩子努力地说出自己的情绪时，不要打断他，也不

要评判，只是鼓励他继续说下去。当孩子充分地表达情绪后，我们可以明显地感觉到孩子的面部表情、身体语言、说话的速度、语调和语气都开始慢慢变得舒缓，当我们观察到孩子的情绪已经慢慢平静下来，再继续让他说出事情的前因后果，比如参加合唱团选拔的整个过程。这就叫作"先处理情绪，后处理问题"。

第三步："肯定"。

父母可以给予孩子一些肯定，通过肯定与孩子共情。

肯定他的动机。有时候孩子虽然做错了事，或者某些行为导致了不好的结果，但他的动机和初心是好的。比如孩子自己倒水，结果把水杯砸坏了；孩子想自己添饭，却把饭都弄到了地上；孩子想自己穿衣服，可是穿了半个小时也没有穿好等。此时有些父母会否定孩子的全部，因为糟糕的结果而情绪失控。你可以对孩子说："妈妈知道你是想自己来做好这件事情，努力成为一个大人，你会这样想妈妈觉得特别好！""妈妈觉得你敢于参加合唱团的选拔赛，而且这么在意比赛成绩，说明你很有上进心，这点特别好。"

肯定可以肯定的部分。找到孩子做事过程中值得肯定的部分。"而且，我看到你一直很认真地在练习和备考，虽然没被选上，但妈妈觉得你的认真和勇敢是值得表扬的。"

站在孩子的角度去肯定。实在找不到可以肯定的地方，那么你可以试着站在一个孩子的角度，理解孩子当下所处的境况，比如可以说："妈妈可以理解你，妈妈像你这么小的时候也常常会遇到这样的情况。"

在肯定的同时还要"**设范**"。就是对孩子的行为设立规范，父母可以给孩子划定一个明确的范围界限，哪些是可以理解和接受的，哪些是不合适和不能接受的。比如有的孩子受挫之后可能会打人骂人或者摔东西，父母在了解了这些行为背后的情绪，并且帮助孩子描述感受之后，父母要做的是让孩子明白：我可以接受你的情绪，但是你要为自己的情绪所导致的行为承担责任。情绪是被允许的，情绪也是真实的，但是因为情绪而引发的某些不合适的行为是不可以被容忍的。父母需要把这两个部分分开处理，比如刚才这个案例，你可以对孩子说："宝贝，你没有考入合唱团，感觉很难过，妈妈非常明白你的这种感受，但是你不吃饭不睡觉影响身体，生闷气是不能解决问题的。""你忌妒好朋友选上合唱团，这很正常，妈妈也能理解你的这种感受，但是你不理她会让她很伤心，你也不愿意因此失去一个好朋友，对吗？"在引导中请允许孩子保留他们的尊严和权利，当孩子清楚了设定的规范又明白了自己的选择权时，他们便会自动规避一些错误的行为。

当父母在表达设立规范的时候，需要让孩子清楚：虽然父母不喜欢不允许你的某种行为发生，但是并不影响你在父母心中的位置，你这个人父母是接纳的，你的行为并不影响父母对你的爱，但是一些错误的行为是父母不允许不接受的。我们首先接纳有情绪的孩子，就算孩子犯了错，我们也无条件地爱孩

子，把这份爱和温暖传达给孩子，但同时让他知道，为自己的
错误行为负责并且承担后果。并不是说犯了错误孩子就会失去
父母的爱，父母的爱在那里，但同时规则也在那里，爱与规则
同在！

第四步："策划"。

帮助孩子处理好情绪后，便可以开始解决问题了，父母可以
用启发式的提问使孩子从这件事中学会更好的处理方式，比如假
设下次再碰到这样的事情，如何面对和处理会更好；或者询问孩
子需要父母做些什么可以更好地帮他处理或面对这些问题。至此
父母便可以开始启发孩子去"策划"一些具体的行动，如何避免
不如意的情况再次发生，下次再遇到相同的情况可以如何处理。
比如父母可以用提问的方式来引导孩子："如果下次再参加合唱
团的选拔，你可以比这一次做得更好的是什么？""我们可以积
极的多做一些什么样的准备呢？"

类似的启发式提问我们还可以用在方方面面，比如"如果考
试的时候感觉紧张，那么做什么就发现没那么紧张了呢？""现
在你和好朋友有一些误会，那么可以做些什么让她不那么生气
了呢？"

如果喜欢的东西丢失了，孩子难免会号啕大哭，伤心不已，
而这也是父母对孩子做情绪教育非常好的机会。

孩子对于时间和金钱的价值是没有概念的，一件只花了几
块钱买回来的玩具可能是他最心爱的，一旦摔碎了，他的悲伤不

亚于一个成年人失去了价值数万元东西的感受。可是大人往往不明白这一点，常常对于哭闹的孩子说："坏了就坏了，反正也不值什么钱，明天爸爸再给你买个新的。"结果孩子哭得更伤心了，因为孩子认为父母一点儿都不理解他内心的那种痛苦的感受！既然孩子因为摔坏的东西而哭泣，那就说明在孩子的眼里，这件玩具对他来说是非常重要的，父母这时应该首先肯定和接受孩子的情绪，比如可以说："我看到你这么伤心一定是因为你非常喜欢这件玩具，坐到妈妈身边，跟我说说你现在的感觉。"

在引导孩子说出内心的情绪感受之后，父母可以及时给予孩子一些必要的解释，帮助他们明白一些道理，比如可以说："世界上有很多美好的东西都是会有离别的一天的，因此我们和这些美好的事物在一起的时候就要好好地珍惜，享受它带给我们的每一个美好的时刻。"

但请记住，在分享这些道理之前先引导孩子接纳情绪和分享情绪，**只有处理好情绪，我们所讲的道理才真正能为孩子所接受。**

父母就是孩子学习情绪管理最好的老师！孩子常常无意识地模仿父母，父母能够做好情绪管理就是为孩子树立了榜样。**父母成长1%，孩子成长100%！父母的成长能真正给予孩子爱与支持。**

练习 25　搞定"神兽"有妙招

一、两人一组，分别扮演父母与孩子的角色，找到一个生活中的亲子互动场景，如"孩子考试没考好，非常沮丧"，运用本节讲述的处理情绪四步法进行沟通，做两轮演练。

二、两人一起分享，自己分别扮演这两个角色的体验与收获。

三、多找几个场景做几轮练习后，与孩子真实互动，相互分享互动的体会。

第 2 节

如何做情绪稳定的妈妈

许多妈妈都有过这样令人抓狂的经历："看到孩子一边吃饭一边玩玩具，就想把那个玩具扔了""穿个鞋子磨磨蹭蹭，忍不住要大声吼她""每次辅导孩子做功课，真忍不住想抽他"。

每当读到这样的留言，我都能感受到文字背后传递过来的烦躁与焦虑，可想而知妈妈们的情绪会有多么糟糕。

许多妈妈会说："我知道不应该打骂孩子，不应该跟孩子发火，但是我就是忍不住。心情好的时候，孩子吵翻天都可以完全不计较；心情低落的时候，孩子犯一点儿小错就会火冒三丈。吼完骂完后再看着孩子怯生生的小眼神，又会产生许多自责，为什么自己就不能做一个春风化雨般温柔的妈妈？"

现代女性很不容易，不少职场妈妈"蜡烛两头烧"，上班应对工作压力，回家应对婆媳关系，还要忍受孩子爸爸甩手掌柜式的不管不顾。全职妈妈看似压力轻松一些，但全天照看孩子也并不是一件容易的事情，烦琐的家务让人不胜其烦，孩子的抚养和教育更需要妈妈们费尽心思。肩上担负着对家人的责任，却往往被冠以"家庭主妇"身份而忽视了妈妈们为家庭所付出的辛劳。很多人认为全职妈妈做这一切不都是理所当然吗？这种不被认可，不被看见的苦楚，也给妈妈们带来了巨大的精神压力。

疲惫、压抑、烦躁、委屈、愤怒，这些情绪都需要有个出口，如果我们没有足够的智慧去觉察自己的状态，妈妈们很容易无意识间把自己的气借故撒在孩子身上。人都会对自己犯的错误心存侥幸，认为"孩子小，不记仇""我是他妈妈，他离不开我""我不也是这样长大的么"。

可是，时代变了，环境变了，孩子也变了。情绪稳定的妈妈对孩子的成长至关重要！孩子安全感的建立，是通过和妈妈一次次的互动逐渐形成的。情绪稳定的妈妈可以让孩子感受到：我是被允许的，我是安全的，世界是安全的。孩子有了这种安全的感觉，即便是独处，也能够感受到爱和安全。无论面临怎样的困难，也相信自己一定可以克服，这是孩子一生的宝藏。

父亲负责家庭的风景，母亲负责家庭的气候；**父亲用行动影响孩子，母亲用情绪影响孩子**。

和情绪不稳定的妈妈朝夕相处，孩子容易养成胆小敏感的性格，时时被不安全感包围的孩子常常会问"妈妈你喜欢我吗"，孩子的听话懂事，努力迎合好像都是为了讨妈妈的欢心。妈妈不发脾气的时候，孩子情绪虽然明显高涨很多，但依然会处处小心翼翼。

如何做情绪稳定的妈妈？

我们常常会听到："做情绪稳定的妈妈，要温柔而坚定！"

虽然很多妈妈都明白这样一个道理，但知易行难。

每次教育孩子过程中产生的负面情绪，往往是我们处理孩子问题不顺利的情况下产生的副产品，但是很多父母却被情绪控制，认为这些负面情绪是解决问题的方法：遇到孩子不听话的情况，就发火、责骂甚至惩罚，以为这种方式可以对孩子造成威慑，从而达到让孩子听话的目的，其实这不但不能从根本上解决问题，还会破坏亲子关系，造成孩子更多的抵触、抗拒和不配合的恶性循环。

所以要想从根本上解决孩子的问题，首先要解决的是家长的情绪问题。

1．三步冷却快要喷发的火山

情绪是可以调节的，第 1 章我们学习过大脑的运作模式，便可以利用这种模式，学会一些新的应对情绪的方式。

孩子又惹你不高兴了，愤怒的火山马上要喷发了，该怎么办？

第一步，停止即将做出的任何行为，给自己一个真空期，舒缓怒火。 当感觉责骂的话已经到了嘴边时，想要争吵、责骂，或者因为难过想要哭泣的时候，深呼吸几次，起身倒杯水，倒数 10 个数，从 10 一直倒数到 1，这一系列的动作可以将你从那个即将爆发的情绪中抽离出来，帮助自己先度过生理反应期，也给自己新脑一些时间工作，恢复理智。

第二步，觉察自我。 找一个空间让自己独处，整理思绪，反问自己发火的根源到底是什么。比如可以采取记录的方式，让情绪变得"看得见"。当你拿起笔记录的时候，开始可能会写得很乱，"我真的非常生气，孩子又不认真写作业，拖拖拉拉……"，慢慢可能会写到"上周老师都叫我去学校两次了，我感觉十分烦躁……"，很多当下爆发的情绪，可能都是因为过去事情的积累，需要我们找到二者的联系。从当下的情绪感受回想到过去发生的事情，这就完成了我们从爬虫脑过渡到情绪脑模式的过程，因为爬虫脑只有当下的条件反射，而情绪脑会将我们带到过去。

第三步，及时沟通，清晰地表达感受。 注意就事论事，不要唠叨和抱怨，比如："你怎么总是这个样子""我提醒你多少次了"等。为了避免陷入指责和评判，表达时多用"我"开头，而不是"你"开头，比如将"你太不听话了"改为"我觉得很生气"，还可以和孩子分享脆弱，表达"妈妈今天很累，心情不好，冲你发火了，请你原谅。"如此，我们和孩子彼此学会表达自己的心声，学会倾听对方的感受。当我们进入新脑模式，我们就开始能够思考真正的解决方案。

2. 爱自己，做一个心理营养足够的妈妈

有人说，这些方法对自己都无效，即便看了很多书，听了不少课，但在生活中只要遇到孩子调皮，就控制不住情绪爆发。

我建议，你除了需要处理当下积压的情绪，还需要做更深的情绪探索，是否孩子的行为触碰了你的心理按钮。许多情境下情绪失控的根源，是内心一些还未愈合的伤口，一些未被填满的黑洞。有的妈妈看见孩子不爱表演就发火，或许是因为害怕自己没面子；有的妈妈不容许孩子有一点违逆自己，或许是因为自己安全感不足，所以更想控制。

去看一看原生家庭，想一想是否有未完成的心理情结，在自己的成长过程中，是否有创伤事件。看看自己内在小孩是否一直有自卑感、匮乏感、孤独感……孩子的一个无心的举动，可能碰触了这些心理按钮，让你情绪失控。

一个心理营养缺失的人，首先表现为情绪不稳定。所以做一个情绪稳定的妈妈，非常需要注意一个关键点——给自己心理营养。

学会先爱自己。自我接纳，肯定自己，尊重自己，把自己放到重要的位置，而不是家庭排序的末位。国际芳香疗法治疗师金韵蓉老师写过一本书《先斟满自己的杯子》，她在书中写道：不要再等待别人来斟满自己的杯子，也不要一味地无私奉献。如果我们能先将自己面前的杯子斟满，心满意足地快乐了，自然就能将快乐分享给周围的人，也能快乐地接受别人的给予。

虽然许多人都会告诉你要爱你自己，你也经常这样对自己说，可是真正能做到的人只是寥寥。爱自己的核心是自我接纳。那么如何自我接纳呢？

一、接纳自己的情绪

通过对本书的学习，我们对自己的情绪有了更客观、更多元化的认识，知道情绪是我们的忠实的朋友，是一份很好的提醒，是一份礼物，接纳当下所生发的情绪，充分地体验它，然后将它转化成为我们的资源。

二、接纳有情绪的自己

每个人都会有情绪，情绪只是我的一部分，或者是我当下的一种状态，所以接纳正处于这种状态的自己，不对有情绪的自己产生评判、自我攻击，而是拥抱自己、理解自己，这是自我接纳更深一层的表现。

三、接纳自己如实如是的状态，但不放弃成长

生活时刻都处于变化之中，我们总是有感觉良好的时候，也有感觉糟糕的时候，而如实如是地接纳自己的任何状态，也是爱自己的表现。但接纳自己不代表我们要故步自封，积极改变自己，让自己的状态更平和，更稳定，更喜悦，是一种对自己爱的升级。但这种进步不是强迫性的，而是当接纳自己如实如是的状态后油然而生的。**只有当你允许自己不用做任何改变也可以时，改变才会发生，这才是无条件地接纳的真谛。**

四、接纳自己会犯错，并愿意弄清楚犯错的原因

人非圣贤，孰能无过。做得好的时候，我们很容易接纳自己，可是犯错的时候，我们是否能够正视自己的错误，不逃避，不自我攻击，告诉自己"我是可以犯错的"？客观地分析犯错的原因，总结规律和经验。有些人以为接纳"犯错"就是包庇纵容自己，其实不然，接纳"犯错"包括接纳犯错带给我们的后果，并愿意主动承担，积极寻找犯错的原因，从中获得进步。

那么回到现实生活中，我们可以具体做些什么来爱自己呢？

① **写觉察日记。**

注意力是我们非常宝贵的资源，你将注意力放在哪里，你便能在哪里收获。曾子曰：吾日三省吾身。我们可以用文字客观记录自己内在发生的活动，对一天的经历进行一次复盘，坚持下来你会惊奇地发现，原来当时我是这样想的，原来自己处于那样的状态，觉察而非评判，久而久之，你对自己更加了解，也更懂得如何满足自己的需要。

② **将"外在行为"与"我"分开。**

任何行为都不完全代表这个人本身，我不是我的"情绪"，同样我也不是我的"行为"。我们常常自我谴责，自我批评，是因为我们将我们的"行为"等同于"我"，我们可以将"我错了"换成"我做错了一件事"，"我是个失败的人"换成"我在这一次尝试上失败了"，"我真懒惰"换成"我这几天想多休息一下"，"我很无能"换成"我在某些事情上能力不足"。

③ **学会拒绝。**

这里的拒绝不仅仅指拒绝那些侵害你个人空间或利益的行为，更是指拒绝那些你生命中可能会拖累你的人或事，比如一份无意义的工作，消耗你精力的人际关系，超出你能力范围的欲望。生命要花费在美好的人和事上，高质量的生命需要一份热情与专注。学会拒绝无法给你带来任何价值的人或事物，让自己活得更轻盈。

④ **适当的时候要"示弱"。**

大海能够容纳百川，是因为海处于更低的位置，拥有更庞大的容量。人也是一样，适当地学会"示弱"，反而是内心强大自信的表现。老子说：知其雄，守其雌，为天下溪。比如虚心求教，他人会更愿意与你分享经验；请人帮忙，放低姿态更容易获得支持。"示弱"是一种智慧，更是一种自我滋养的良方。

⑤ **不做违背良知的事。**

王阳明先生的《致良知》中有言：无善无恶心之体，有善有恶意之动，知善知恶是良知，为善去恶是格物。如果一个人做了违背良知的事，内心便会产生内疚、羞愧等非常消极的情绪，甚至会激发心理的防御机制，将这些情绪压抑到潜意识中，无形中消耗我们的生命能量，所以保持良知，不做违心事，也是我们爱自己重要的方式。

⑥ **创造心流体验。**

积极心理学奠基人哈里·契克森米哈赖提出"心流"的概

念，心流是指人们在专注于某些行为时所表现出的一种特殊的心理状态。在这种状态中，人会表现出极高的创造力，并会获得高度的愉悦和充实的感觉。你是否也有过类似的体验？当你专注于非常感兴趣的事，好像都忘记时间的流动，而心流的体验会极大提升人的幸福感和价值感。我们可以通过一些方式让自己主动进入心流体验，而其中非常重要的两个条件：专注力和兴趣度。妈妈可以找到自己感兴趣的事情，给自己专属的时间沉浸于其中，充分地体验心流带来的美好感觉，用这样的方式滋养自己。

墨子说：爱人不外己，己在所爱之中。爱别人并不把自己排除在外，在我们爱的名单中，要把自己放在重要的位置。**我们无法给予别人我们自己都没有的东西，自爱，是一切爱的源头。**若爱是一个圆，那圆心就是你自己。一个不爱自己的人也无法真正爱别人。

你首先是你自己，其次，才是孩子的妈妈，丈夫的妻子。当妈妈开始注意自我提升，才不会过度关注孩子，从孩子身上寻找价值感、成就感，也才能真正给予孩子充足的空间去发展他们自己。

愿你能成为这样一个妈妈，雌雄同体，阴阳合一，温柔而有力量！

练习26 我爱我（"525"）

扫码聆听"爱自己的宣言"冥想音频。

与小组成员一起分享，你平时是如何为自己赋能的，大家一起补充爱自己的行动清单，然后选择可以去做的，每月至少做一件事。

第3节

辅导孩子作业时如何调控情绪

90% 的家长可能都有过陪孩子写作业的经历，陪孩子写作业已成为大多数父母的主要"家务活"。很多家庭因为写作业发生过亲子矛盾，于是就有了那句话：不写作业，母慈子孝；一写作业，鸡飞狗跳。

我们来看看家长陪孩子写作业的目的是什么？

目的一，为了帮孩子养成好的学习习惯。

目的二，引导孩子独立、自主地学习。

目的三，陪写作业也是一种亲子陪伴的活动。

那我们不禁要问：亲子时光怎么就变成了亲子关系的"大杀手"？

我见过不少父母是这样陪孩子写作业的：

（1）陪写作业时，家长专心致志、一丝不苟。孩子每写一笔、每做一题，都会深深地触动着他们的神经。

"头抬高一点。"

"用橡皮别那么大劲，擦破了吧。"

"写慢点、写慢点，别出格！"

家长不停地唠叨，孩子的注意力不断被打断，更重要的是，在长期的监控下，孩子会习惯了"我是为家长而学习"，从而难以形成自主学习。

（2）陪写作业时，希望孩子是"神童"，学什么会什么，做什么全都对。

"这几个字有点儿歪，重写一遍。"

"这道题这么简单，怎么还错？"

"这一笔不出头儿，怎么抄也抄不对？"

孩子学习也是一种成长，是一个探索和试错的过程，从写不好到写漂亮，从做不对到全都会，需要一个过程。家长要给予孩子时间，否则，孩子在不断打压中学习，反而会丧失自信，厌恶学习。

（3）陪写作业时，很容易情绪化，动不动就"河东狮吼"。有的家长耐心超不过5秒钟，从和风细雨开始，到大吼大叫结束。

"15分钟才写了两道题，别磨叽了！肚子饿，给我忍着！"

"讲了两遍，还不明白吗？脑子去哪儿了？"

"你这是写的什么呀？擦掉重写！"

家长的负面情绪会传递给孩子。很多孩子在父母极度愤怒的时候，他的脑海里是一片空白的，内心充满愤怒、委屈、沮丧、挫败、恐惧……研究表明消极情绪会增加大脑负担，降低学习效率。家长越是情绪化，孩子学习效果越差。

上面三种陪孩子写作业的方式，是很难达到陪孩子写作业的目的的。

1. 你的情绪失控真的是孩子引起的吗

家长为什么看到孩子这样就会情绪失控呢？

● 我骂你不是因为我不爱你，我骂你，是因为我自己管理不好情绪。

辅导孩子写作业时，因为讲了几遍，孩子都没有听懂，这时家长内心的声音：我吼你，不是因为你笨，是因为我觉得自己很无能，这么简单的题我都讲不明白，教不会你，我感到很失败，对自己很失望。

家长的愤怒和无助，总得要有一个出口。因为这个情绪，表面上是孩子引发的，所以，自然地转移到孩子身上发泄出来，这就是家长吼孩子的第一种解读。

不是因为孩子笨，是因为家长的这种讲题方式孩子听不懂。

不是因为孩子不认真，是家长给了孩子太多压力孩子无法接受。

不是因为这道题太简单，是家长不理解同样一道题在家长和孩子眼里难度级别是完全不一样的！

● 我吼你，是因为我感到很难受很委屈，这种感受太痛苦，我需要找个出口。

妈妈 A 非常爱自己的孩子。生了孩子之后，开始当全职妈妈。每天为了孩子吃什么穿什么玩什么，费尽心思。平时对孩子也很温和很有耐心。但有一种情形，立马"炸毛"，甚至动手。那就是当孩子写作业遇到困难，开始哭的时候。

"这么简单的题都不会，我真想打你一巴掌。"

"就知道玩，就知道买玩具，你倒是做道题出来啊。哭，哭，要哭死啊。"

"再哭我把你推门外去。别再嚎了。"

妈妈 B 平时很疼爱孩子，含在嘴里怕化了，但一到孩子写作业时，看到孩子露出那种不自信、畏畏缩缩的表情，她就会瞬间情绪失控，甚至会动手打孩子。打完之后，又后悔，又自责。所以这个妈妈成天就在重复"打人—后悔—自责—平静—再打人"。

妈妈 A 小的时候，有很多次，当她想要哭的时候，不能哭，只能含着眼泪、闷着声音，把委屈和害怕生生地吞进去。

在妈妈 B 的童年记忆里同样有一个挥之不去的场景，那就是写作业时，爸爸对她拳打脚踢的样子，她越害怕、越退缩，爸爸打得越凶。

如果在我们的童年经历中，有未曾被看见、未曾被接纳、不被重视的情绪，这些情绪一直存储在身体里，遇到场景相似的时候，这些情绪就像怪物一样，无法控制地冒出来。当它们冒出来的时候，连你自己都不知道你是怎么了，但很明确的是，你很难受，不想要这种感觉，于是就把脾气发泄到眼前这个孩子身上。其实，如果不是因为我们此生有机会做父母，我们可能根本没有机会把我们童年的"包袱"卸下来。所以，家长不是需要吼孩子，而是需要通过学习，看见和照顾自己内心那个受伤的小孩。

● 我吼你，是因为你不如别的孩子表现好，让我没有面子。

爱比较、患得失，是悬在父母头上的一把利剑。

一位妈妈带着孩子去做客，到了对方家里，对方家的孩子琴棋书画，样样优秀，待人接物，落落大方。

但是自己的孩子呢，坐没有坐相，吃东西也没有礼貌，报了三个课外班，一个都不想再坚持……

这么一天下来，这位妈妈觉得自己无比的失败：同样是养孩子，同样是九岁的孩子，我也上心呀，也花了时间花了钱呀，为什么感觉一个天上一个地下呢。妈妈感觉很没面子，于是这位妈妈憋了一肚子的火，回到家孩子还是像往常一样，准备先看会儿电视，再写作业。在往常，这位妈妈不会生气，但是今天不同，妈妈一把抢下遥控器，大吼道："还看电视，亏你还有脸坐在这里看电视……"。孩子并不明白妈妈为什么会发这么大的脾气。其实，那个觉得没有脸坐在那里看电视的，是妈妈自己，不是孩子。

从根本上来讲，让这位妈妈生气的，是感觉自己家孩子被比下去的不甘心和没面子。家长需要学习面对的是，如何处理因为比较而带来的对自尊心和自我价值的挫败感。

● 我吼你，是因为你的状态不好，让我自己对未来更加焦虑，没有安全感。

很多父母为了孩子的教育，拼尽全力。但焦虑会不会因为给孩子买了学区房、进了某所优质学校而消失呢？不会的。焦虑依然在，只是换了一个圈子。

人为什么会焦虑？**焦虑是对无常的抗拒**。当我们对孩子的未来不确定，对自己的未来也不确定的时候，就会未雨绸缪地做很多事，内心才踏实。而做完了之后，比如把孩子送进了一所重点中学之后，你就在心里说："我都为你做了那么多的事情，我都为你准备好了小学、初中到高中的所有学区房，孩子，你为什么还不努力呢？换句话说，孩子，你为什么还是表现得不让我满意呢？我付出了，是要有结果和回报的，可是你的状态，达不到我想要的结果和回报。所以，我就要生气，要把这个脾气发泄给你。都是你，要不是你，我才不会像今天这么辛苦。"

真的都是因为孩子吗？这些事，是孩子让你去做的吗？是你的需求，还是你孩子的需求？

我做不到的事情，我要你替我做到！

我对未来不确定，就需要你表现优秀，让我对未来感觉到安全。这样，我才会满意。

以上是我们在陪伴孩子的过程中，情绪失控背后的内心戏。

2. "不管"不是"大撒把"，"管"也不是"代替"

那么家长到底该不该陪孩子写作业？

从发展心理学的角度而言，低年级的孩子，比如一年级到三年级，是需要家长陪伴的。因为低年级的孩子处于良好学习习惯培养的关键时期，家长陪写作业，有助于及时发现孩子的一些不良习惯，并予以纠正。如果这个阶段家长不陪孩子写作业，孩子容易养成懒散、注意力不集中、拖沓的习惯，以后想要改正则需要花费更多的时间和精力。

但是当孩子进入高年级后，家长就需要学会适当放手。如果家长在陪写作业的过程中干涉太多，容易引起孩子的逆反心理。他们往往会认为这是家长对自己不够信任，从而产生对抗情绪，引起亲子冲突。同时，家长过多地参与也不利于孩子主动性、自觉性的培养，容易养成依赖心理。

决定要不要辅导孩子写作业之前，还有必要弄清楚一点：

辅导 ≠ 包办代替

独立完成 ≠ 不需要家长辅导和监督

虽然作业是要求孩子完成的,但是如果完全让孩子独立完成,作业的完成质量可能不高,如果想保证高质量地完成作业,一定需要大人的指导。要注意的是,大人应该做的是陪同、带领、指导孩子去做,不是包办代替。

是否陪孩子做作业,要把握的一条总原则是,学习是孩子自己的事情,家长只是一个助力。陪还是不陪,如何陪,需要家长根据自己孩子的情况灵活应对。

3. 你在开车,副驾的人在指指点点,你开心吗

怎样才是陪孩子完成作业的正确方式?

曾经有一位妈妈向我求助,她说:"老师,我的孩子是不是有多动症啊,写作业的时候他的身体在椅子上扭来扭去,拖拖拉拉,总要写到三更半夜。"我说:"我来给你演示一下这个场景吧。"于是我扮演这个妈妈,坐在一旁盯着孩子不停地说:"这一横写短点儿""用橡皮别那么大劲儿""又错了,你上课到底有没有听讲?"……坐在一边的孩子爸爸不停点头说:"对!就是这个样子。"

我对他们说:"假设你正在开车,但坐在旁边的人一直在指指点点,'变线变线''打灯啊,你怎么又忘了''超车,超过它,哎真笨!''红灯,红灯!'你会不会冲他喊'闭嘴'?"

其实,正在写作业的孩子,就和正在开车的你一样。有的家长喜欢盯着孩子写作业,一旦发现有问题,或字写错、写歪了,

一边帮孩子擦，一边批评、责怪孩子："怎么搞的，又做错了，总是改不掉。""说过多少遍，你怎么就是记不住？"

为什么大多数孩子都会排斥写作业呢？

因为除了写作业真的是一件费力又费脑的苦差事之外，还有一个重要的原因，就是当你用上面的语言和孩子沟通时，他大脑接收到的信息其实是命令、控制。当大脑接收到的信息是"命令"或"控制"的时候，大脑首先输出的信息其实是"拒绝"，而不是"行动"。

所以，当你命令孩子写作业时，他已经本能地在抵抗了。

当一个人发自本能地抗拒一件事情的时候，想取得良好结果的概率也就变得微乎其微。

很多家长在和孩子说话时，总是习惯性地命令、要求孩子，挂在嘴边的总是这几句：你该做什么？你不该做什么？你在这个时候要学什么？你该怎么听话……

从来没有问过孩子：你要不要做什么？你想做什么，接下来，你该怎么做……这就难怪很多孩子做起事情来特别被动，完全没有主动参与的意识与积极性。

4. 让孩子对写作业有参与感

参与感对孩子到底有多重要？

如果你只是每天让孩子完成作业，那么对他而言，他只是在完成老师和家长的要求而已，这个时候，孩子往往呈现的是一种置身事外的态度。

只有当孩子从心底认同完成作业这项任务是自己的分内之事，并且自己是最重要的主体时，他的大脑才会输出积极主动的信号。只有这样，孩子才会主动完成作业。

下面具体分享几点怎样做才能让孩子对写作业有参与感。

第一，允许孩子自己设定完成作业的流程。

让孩子自己决定在哪里、什么时间完成作业，但是要确保完成的环境是安静且没有干扰的。

在餐桌上写作业，还是在卧室的地板上写？孩子自己决定，写就好！建议让孩子准备一个"作业盒子"，里面有铅笔、橡皮和画笔，这样孩子就可以带上自己的"作业盒子"去任何地方，只要他决定做作业了。

一回家就写作业，还是先吃点东西或者先玩一会儿再开始？先写语文还是先写数学？孩子自己决定，写就好！让孩子自己做主什么时间完成，这样会强化孩子的一种观念：作业是我自己的事情。但需要注意：最好不要拖到睡觉前才完成，这时候孩子已经很疲倦了，会增添不少不必要的压力。

第二，开始之前先"三问"。

（1）今天各科作业的量有多少？你估计多长时间能做完？

（2）今天有没有觉得特别难写的作业？

（3）今天计划先从哪一科开始做，为什么？

通过问三个问题，帮孩子梳理清楚今天的作业总量，并有一个简单的规划。

低年级的孩子可能还不能顺利回答这三个问题，没关系，家长可以按照这三个环节，帮他梳理，并根据作业量给孩子限定一个时间，比如 30 分钟或者 1 个小时。当家长这样做了，一段时间后，孩子自己就会估算出完成作业的时间，并为自己做好规划。

其实不光是孩子，当大人面对一大堆的任务时也会有很多压力。教孩子把作业任务进行分类，写作业前先用记事本规划一下：把书面作业放在前面完成，背诵的、较少的书面作业穿插在中间进行。写一会儿背诵一会儿，交替进行可以使孩子得到休息，不易产生疲倦感。

最了解孩子的人是父母，父母应该了解孩子的长短板，对于孩子擅长的科目，即使难一点儿也可以尽量放手让孩子去探索尝试。而孩子相对弱的科目，即使作业难度较小，也应该多给予一些帮助。

第三，不轻易打扰孩子。

在孩子写作业的时候，家长在旁边安静地做自己的事，宁静的氛围，帮助孩子静下心来。

如果家长发现孩子有些分神，可以提醒："已经 15 分钟了，加油哦。"

如果提醒也不管用，可以走到孩子身边，摸摸他的头，说："是不是遇到难题做不下去了，要不要爸爸（妈妈）帮你一下？"

这样做的目的是把孩子的注意力拉回到学习上。

通常情况下，孩子会说没有难题，这时父母要表现出一种平静的神情："相信你很快会做完的，妈妈（爸爸）等着你好吗？"

这种方法，实际上首先终止了孩子的拖拉行为，然后让孩子明白：父母在关注他，希望他快一点儿完成作业。

第四，不直接帮孩子订正错误。

检查作业时发现有错，父母不要指出具体错误的地方，而是说出大致范围。

比如可以说："做得不错，但这个题有些不对，你再看看。"在有问题的地方画上一个小圆圈，让孩子自己找出不正确的地方并改正。

等孩子找出来了，应及时给予称赞和鼓励，然后可以和他讨论为什么会出错，是概念没理解，还是省略了必要的步骤，或者是其他原因。如果孩子实在找不出来，父母再给予指导。

如果孩子反复检查也没找出作业中的错误，那这就是孩子的薄弱环节。父母要给予相应的辅导和点拨，而且在辅导时要讲究技巧。

比如，有些题目不难，只是孩子缺乏耐心，只看了一遍就感到不会做。如果父母直接告诉孩子该如何解题，甚至将算式都列好，这样会养成孩子遇到困难不思考、依赖他人解决问题的坏习惯。

正确的方法是，可以对孩子说："妈妈（爸爸）相信你，只要多读几遍题目，你会做出来的。"

当孩子做出来以后，父母要高兴地称赞："我说过吧，仔细审题就会做了。"这时孩子也一定会为自己努力的成果高兴。

另外，对于孩子经过思考也没做出的题目，父母也不要直接告诉他原题的解法，可以根据原题编一个相似的例题，与孩子一起分析、讨论，弄懂弄通例题后，再让孩子做原题。一般弄懂了例题，孩子多半就会做原题了；如果仍然不会做原题，那么就需要再回到例题的讨论与计算上。经过几次来回，只要父母耐心引导，孩子一定会做原题的。这种做法虽然父母要麻烦一些，但能够训练孩子举一反三的学习能力。否则，孩子会陷入总是就题解题的被动思维定式中，很难建立学习的思维迁移模式。对于一些难题，父母编不好例题，那么，可以就这个原题分析它的关键点在哪里，找到什么条件就好解题了，让孩子根据父母的提示思考、列式计算。总之，不要把算式直接列出来，也不要直接告诉孩子第一步做什么、第二步做什么，尽量培养孩子独立思考的能力。

我们常说，孩子是家长的一面镜子。孩子能否自觉、专注地写作业，关键还是家长的言传身教、心态方法。希望每一位父母都能做到不急不躁、不吼不叫，做一个高效的陪伴者，逐步从有方法的"陪"过渡到放心的"不陪"，帮助孩子养成学习的良好习惯。

练习 27　"角色互换"游戏

在约定时间内，和孩子互换角色，让孩子扮演父母，表演父母平时的样子，父母扮演孩子，设定场景（比如辅导作业），这个练习可以帮助我们换位思考，站在对方的视角，增进彼此理解。

第 4 节

青春期孩子情绪像坐过山车，父母该如何应对

有的孩子进入青春期以后，情绪就像坐过山车，时而高亢，时而低迷，前一秒还是晴空万里，下一秒就会狂风暴雨。家长困惑了，进入青春期后，我的孩子到底怎么了？

其实青春期的孩子自己也不太明白自己发生了什么，怎么会有那么多的情绪？

1. 青春期孩子的六个特征

从生理到心理的角度，青春期的孩子都在经历着巨大的成长和变化，而这些变化需要孩子用一定的时间去适应，再加上一些家庭环境的因素，青春期孩子就会表现出许多难以揣测的行为及心理特征。如果你了解了孩子这样的发展规律，你便知道这其

实是很正常的现象，并且知道该如何去和这个阶段的孩子沟通和相处。

第一个特征就是比较敏感。

你有没有发现当孩子进入青春期以后会特别在意别人对他的评价：我长得怎么样啊？我的身材如何？我脸上又长了几颗痘痘？我打篮球的姿势帅不帅？这次考试成绩怎么样啊？……

孩子很可能嘴上不说，但心里却是很在意、很关注的。如果这时家长或者别人无意中看了他一眼，可能都会引起他情绪的波动，他会想：你盯着我干嘛，你对我有意见吗？

第二个特征就是身体激素的变化。

这个阶段的孩子多巴胺分泌会激增，容易冲动、爱冒险。多巴胺的影响会让一个人变得大胆，觉得世界很安全，怎么折腾都不会有事，所以孩子就特别想去探索和展现他们的能力，想要证明自己很厉害："你们都不敢做的，只有我敢！"但冲动的背后也会有纠结和恐惧，在探索的过程中，孩子会发现其实自己也并没有想象的那么强大，伴随而来的就是沮丧、挫败。而且一旦结果不如所愿，可能就会情绪低迷、消沉。所以我们经常会看到青春期的孩子会表现出一阵儿自信得好像可以拯救世界，一阵儿又自卑得觉得自己什么也做不到。

第三个特征就是开始挑战权威。

年龄小的孩子基本很少会和父母对抗，大部分孩子父母还可以"管得住"；可是面对青春期的孩子，你若是说往东，他就故意往西，反正就是跟你反着来。孩子小时候感觉父母是无所不能的，但是现在他长高了，可能比你还要高，他不再仰望你了，而且他发现其实你也有搞不定的时候，曾经的偶像形象被打碎了，他就想挑战一下。

孩子天生就忠诚于父母，但他又想挑战父母，此时他的内心就会充满恐惧，会焦虑或者愧疚，他会觉得这样做不对，不应该挑战父母。

但是青春期的冲动又让他想要去做这个事情，所以孩子的内心就会产生许多矛盾和拉扯，会情绪不稳定。

第四个特征就是想拥有人生的自主权。

举个例子，很多青春期的孩子都会给自己取网名，有一个共性的地方：他们喜欢用具有"自由"意味的词句，这是在表达什么呢？

孩子想要自由、想要自主，"我是大人了，你们别再管我了。""我今天早上吃什么你不要管我，你不要管我有没有穿秋裤。"渴望自由的孩子会因为父母管得过多而反感。

第五个特征就是关系问题的困扰。

人只有在关系里面，才能感受到爱，才能感觉到活着。

如果父母关系不和谐，经常吵架，孩子就会感到很无助。如果孩子和父母的关系也比较紧张，孩子就会缺乏安全感。另外，青春期的孩子对友情是特别渴望的，如果在交友上遇到问题，孩子也会感到一种深深的孤独。遇到早恋的问题，孩子就更加不知所措，他的情绪也因此会比较波动。

第六个特征就是想要做自己，但是又不知道怎么做。

青春期的孩子有个重要的心理任务就是探索"我是谁"。他们喜欢耍酷，喜欢与众不同，但是当面对一个刚刚展开的人生画卷，孩子是很迷茫的，处在迷茫中的孩子就会经常掉到抑郁消沉的氛围里。与其说青春期的孩子喜欢与父母和老师对抗，不如说他在内心跟自己打仗，自我同一性形成的关键时期，表现出来就是情绪起伏非常大。

2. 让孩子学会应对情绪，是我们给予孩子最好的礼物

如果说青春期孩子情绪像坐过山车是正常的，那么家长苦恼的是什么？又应该如何做呢？

第一，认识情绪是处理情绪的首要前提，如果家长对于情绪都是无知、无觉、无感，那么即便教给你很多具体的办法，你也可能一点儿都做不了。

很多家长咨询时会说："你是心理咨询师，请告诉我一个办法，怎么让孩子不要这么愤怒了，不要这么消沉，最好明天他就能上学，能够正常起来……"此刻我能感觉到家长内心非常无力和恐惧，他们不知如何应对孩子的情绪浪潮。

我们不认识情绪，不认可情绪，怎么可能很好地驾驭情绪呢？

第二，**情绪是没有对错的**。不少人对于情绪总是充满敌意的，比如当我们感觉愤怒、悲伤、妒忌时，我们的第一反应就是排斥、

压制、不要，同时也不接受自己或者自己亲近的人有这样的负面情绪。孩子一生气，我们就想压制他，"你生什么气呀？你还有脸生气啊，妈妈这么辛苦地养育你，我都还没生气呢！"

第三，**情绪是流动的**，就像空气一样会弥散，它会让周围人感觉到它的存在。举个例子，有的孩子会说"尽管我妈妈嘴上没有讲什么，但是我能深刻地感觉到她内心非常焦虑、非常紧张。"亲子之间、夫妻之间，我们都能非常敏锐地感知到对方的情绪，不是你压抑着自己的情绪，对方就不知道。不论是悲伤、愤怒、焦虑，还是快乐、开心，周围的人都是可以感受到的。

我们常见的**情绪表达的方式**有哪些呢？

一种是情绪的躯体化，就是以身体出现疼痛、疾病的方式来表达这种情绪。

路易丝海女士说过很经典的一句话：身体从未说谎，不被觉察的情绪，都会以疾病的方式来宣告自己的存在。

如果父母比较强势，年纪小的孩子没有办法表达自己的愤怒、恐惧、悲伤，他的情绪就会卡在身体里，最后就用疾病的方式表达出来，这就是躯体化的表现。

第二种情绪的表达方式就是行为化。比如，孩子玩游戏通关了就会开心得一蹦三尺高；当父母吵架了，孩子会狠狠地摔门，这都是用行为来表达情绪。孩子面对老师批评、同学嘲笑、成绩下降时，他就会逃学、厌学。没有办法承受这些，他就逃离那个环境，但是逃离环境他头脑还是停不下来，那些事还是会困扰他，然后他就会继续逃，躲到游戏里，所以我们会看到很多孩子沉迷于游戏世界。

当你了解背后的原因时，就会更加地理解他们，进而帮助他们。

第三种是用科学合理的方式来表达情绪。比如，有的孩子有写日记的习惯，其实这是非常好的处理情绪的方式，如果家长偷看或者强行把孩子的日记曝光，这无形中阻断了孩子一条情绪的出口。

或者一个人静静地流泪和哭泣，没人在的时候可以吼一吼，还可以用温和而清晰的语言来表达自己的情绪，告诉别人，我现在很生气，我感到很难过。

孩子情绪表达的方式是从小养成的，是从和父母的互动中学习的，那么父母采取怎样的情绪表达方式，孩子就常常潜移默化地学习了。**家长能够很好地面对和处理情绪，这是用家长作为榜样给予孩子一生的礼物。**

那么当青春期孩子情绪波动时，家长可以做些什么呢？

第一步：觉察自己的情绪感受。

自己会有什么感觉？是紧张还是恐慌，或者愤怒？身体有什么反应？会不会有些发抖，感觉气血往上蹿？有哪些思想活动？会不会对自己有评判，内疚或者自责？只要我们敢于走进情绪，去觉察和体验情绪，我们就会对情绪多一份的熟悉，慢慢地和情绪建立一种和平共处的关系，那么情绪对你的影响就会减小很多。

这个过程非常重要，家长首先不能当逃兵，你能够和自己的情绪短兵相接，有实战经验，才能够体验孩子的感受，才能够有足够的经验和智慧，给予孩子指导和帮助。

第二步：和孩子的感受共情。

当孩子遇到这些情绪感受时，正是孩子体验情绪、学习情绪管理的绝佳时刻。在这个过程中，非常考验父母的一项重要能力——**共情**。

共情到底是什么呢？共情就是深深地理解和看到，是我接纳你此时的状态，我理解你此时的痛苦，我允许你可以和自己的情绪待在一起，我不着急把你拉出来，我只是陪着你，我只是看着你，深深地懂得和看见，我接受你现在就是这个样子，我不要求你马上变得积极、阳光、充满正能量，我不需要马上把你拉出来，我就只是陪着你。

如果家长不知道应该说些什么，那就可以静静地坐在孩子的旁边，不去打扰，也是一种支持，适当的时候拍一拍孩子肩膀，递个纸巾，倒杯水等，其实这也是一种共情的方式。

第三步：帮助孩子化解情绪。

家长要学会分辨孩子的情绪，不要过度紧张。情绪是孩子内心的信号。当孩子有情绪时，家长需要明白，他的情绪并不一定是冲着你来的，他只是在传递一个信号，他需要被看见被关爱。而当你看到这一点，你就不那么容易动怒了。

所以当孩子越大声越愤怒，你更需要冷静、平和。有一个很好用的办法，叫作"情绪自我播报"。举个例子，比如你下班回来，发现孩子没有写作业，还在打游戏，等你喊他吃饭了，他还很烦，冷冷地说他不想吃不行啊？

如果用情绪自我播报，怎么讲呢？

你可以对自己说："我看到孩子在打游戏，没有做作业，我喊他吃饭，他说不想吃。"当你做情绪自我播报时，你是以旁观者的角色来看待这件事，你和这些负面情绪是保持距离的，你就不会那么容易被情绪裹挟了。

第四步：遵循一个原则，先处理情绪再处理事情。

带着这个原则来跟孩子互动，让他知道他的情绪是被接纳被理解的，等到他的情绪回归平静之后，我们可以用"摄像机语言"来帮助他。

什么是"摄像机语言"呢？

当你看到孩子脸上是什么表情，你感受到他会是什么情绪，以及你听到他讲了什么话，把这些信息用客观的语言反馈给孩子，不做任何添加，不加入你个人主观的感觉，就像摄像机一样，你"拍下"什么就如实如是地反馈给他。

摄像机语言会怎么说呢？

比如父母可以对孩子讲："妈妈回到家，看到你在玩游戏，没有做作业，我喊你吃饭，你很大声地说不想吃，你是还想继续玩游戏，没做好吃饭的准备，是吗？谢谢你告诉我。"

我们借由摄像机语言，不带任何评判，就可以和孩子有一个更好地表达了，让他学习怎样表达自己的感受。

作为父母，如果我们对于情绪不了解、不认识，或者我们自己对于情绪都束手无策，那这些办法就很难用出来。因此父母管理好自己的情绪很重要。**你处理情绪的态度，孩子都看在眼里，他会有样学样，你若逃避，他就会缺乏自信或压抑。**

父母就是孩子的第一任情绪教练。

练习28 一封迟到的信

读完这一节的内容，相信你会有一些话想跟青春期的孩子说，请找个时间静下心来，给孩子写一封信，如果你和他已经难以沟通，也许是你们之前的互动方式不对，或者缺乏对他的了解，你可以在信中表达歉意，同时多表达你对孩子的爱，不讲大道理，不批评，不指责，不讨好，也不写你的期待和他的问题，只是用这封信传达爱与尊重，修复亲子关系。

第 7 章

家庭关系

那些『惹不起』的人，我们如何相处

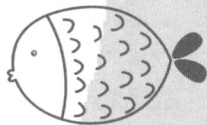

剪不断理还乱的家庭关系，躲不掉也换不了。

父母总是传递负面情绪，我要怎么办？

婆媳关系还有救吗？

受不了七大姑八大姨的各种关心和干扰，如何应对呢？

第1节

父母总是传递负面情绪，我该怎么办

这些年"原生家庭"这个词在网络中越来越多地被提及，越来越多的人开始关注父母对自己的影响，不少人在咨询的过程中问我："父母总是传递负面情绪，我该怎么办？"

有个叫小雪的女孩和我说："老师，我看了很多关于原生家庭对孩子影响的文章，越看越觉得无力和害怕。难道因为原生家庭的不幸，我就注定不幸福了吗？"

我问她："发生了什么事情，会让你有这样的担忧呢？"

她说："我是单亲家庭长大的孩子，妈妈情绪很不稳定，喜怒无常。每当我开心的时候，她就会说一些扫兴的话。和她聊天，经常就会变成了对我的声讨，而且她常常会用'每次''总是'这些词，好像我一直都是一个很糟糕的人。而她从来不认为自己有什么问题。

"妈妈会为自己找各种各样的原因和理由，从来不听我的任何解释。每次争吵她总是要逼着我认错才行。后来我干脆直接认错，不想再和她争辩了。我感觉自己好累。"

我说："小雪，我能够感受到你的愤怒、委屈和无力。你说你很反感母亲指责你的时候，常常用'每次''总是'这样的词，可是我发现刚才你在评论你妈妈的时候，也用了很多这样总结性的词语。"

她愣了一下说："是啊，我有时发觉我和我妈妈很多地方都一模一样，我真的很害怕，我不想像她那样。我情绪不稳定，也很像妈妈。我发现妈妈总是想要控制我，让我听她的话，而我自己在恋爱的时候也会不自觉地制造矛盾，逼迫男友认错，喜欢控制、争论和批评。我知道这样会伤害我们的感情，会把自己的恋人越推越远。但是我就是忍不住这样做，我不知道该怎么办才好。"

我说："你这是一个很好的觉察，其实你已经在努力了。"

小雪继续讲："我很反感妈妈的教育方式，我告诉自己不要成为妈妈这样的人。但是我感觉自己没有力量，好不容易情绪好一点，只要和她在一起，很容易就被她拉到情绪的谷底。可是我又不能长时间离开家，我担心她一个人会很孤单。"

小雪怎样才能摆脱妈妈负面情绪的影响呢？

很显然，小雪的妈妈把女儿当成了自己的情绪垃圾桶。

在心理学中有一个经典的踢猫效应：一个男人被上司批评之后，心情不好，回去跟妻子吵了一架，妻子的愤怒无处发泄，就把旁边玩耍的孩子训斥了一番，而受了训斥的孩子怒火燃烧，看到院子里的猫就狠狠地踢了猫一脚。

这就是负面情绪的恶性循环。踢猫效应讲的是负面情绪在不同人之间流转的过程。这种流转往往是从高等级向低等级转移，由强者向弱者转移，而在家庭中，因为身份和地位的差异，孩子很容易成为父母负面情绪的宣泄口。

虽然生活中全家人都在围绕孩子转，但实际上孩子是家庭生物链中等级最低的那个。

孩子通常很难应对如此强烈而且持久的负面能量。久而久之孩子的内心世界有可能发生一些扭曲。就像小雪说的，她在恋爱的关系中屡屡受挫，对别人和周围的环境缺乏信任，容易紧张和怀疑。

而在这样家庭中的父母往往根本意识不到自己对孩子的心灵造成了怎样的伤害。他们自己缺乏管理情绪的能力，社会缺乏关于情绪管理知识的传播，也没有人专门教过我们的父母如何处理情绪，更多的是一代又一代家族模式的传承。

结果就是当孩子感到非常痛苦，试图反抗家长的不当行为时，大部分的家长会予以否认，无法设身处地地站在孩子的角度考虑孩子的感受。孩子尝试改变父母的努力以失败告终，期望转变为失望，甚至是怨恨。悲剧就此延续，因为当孩子极力否定和抗拒父母这些行为的时候，也毫无意外地将这些模式全部复制并内化到了自己身上。

曾经有一位学员告诉我，他在学习了一些沟通技巧的课程之后，曾经试图用学到的方法和他的妈妈沟通，当他告诉妈妈，小时候妈妈曾经做过一些事情伤害了他。他妈妈的反应是暴跳如雷，拍桌子踢板凳，大声控诉他："你这个没良心的，你妈养了你这么多年，你长大了，翅膀硬了，现在反而来怪我！"然后她哭得一塌糊涂。

这个学员特别后悔和妈妈做这些沟通，感觉非常挫败和沮丧。

就像小雪现在对妈妈的态度，她觉得我不和你吵总可以吧，但也因此对妈妈关上心门，两个人的关系越来越疏远。就像现在很多成年子女与自己的父母"爱而不亲"的现象，好像总是有一道难以逾越的鸿沟，难以表达的情感。

那么面对父母的情绪垃圾，我们该怎么办呢?

1. 父母的负面情绪到底在表达什么

首先，我们需要明白，其实那些负面情绪的背后，都是父母在用这样的方式呼唤爱。

父母之所以和你抱怨和倾诉，是因为他们找不到合适的方式去应对压力或者处理复杂的人际关系，他们只会也只能做到这样。也许在父母小的时候，他们的父母也没有教给他如何更好地面对人际关系中的种种难题，如何释放、清理自己的情绪，也没有人告诉他们如何包容或者是尊重他人。

日常生活中，有很多这样的妈妈，她们一边为子女辛苦操劳，一边抱怨。如果我们多了解一些，可能会看到妈妈忙碌是因为她想证明自己值得被爱，而唠叨和抱怨是因为她希望别人能够关注她的付出。她也渴望被理解，被认可。

快乐的人不伤人，受伤的人才伤人。爱指责爱抱怨是因为父母心里有一个很深的黑洞，那是他们对爱的渴望和呼唤。如果做子女的能够明白这一点，就会对父母多一些理解和宽容。

其次，比起负面情绪对我们的伤害，更让我们恐惧的是我们会不自觉地模仿父母，陷入一个无限的循环。

就像小雪说的那样，当她发现自己身上有很多她讨厌的妈妈的影子，她的内心无比绝望和恐惧，不知道该如何摆脱这样的命运。

其实大部分的人一生都不会意识到我们到底会有多么像我们的父母，如果我们没有办法完全接受自己的父母，我们也就没有办法完全地接纳自己。我们一定会像攻击和厌弃我们的父母那样，在内心某个角落厌弃着自己。

父母就是我们的根，我们的基因来自父母，我们最早模仿的对象也是父母。在意识层面你越是讨厌自己的父母，远离他们，那么在潜意识层面，你就越像他们。**凡是你所抗拒的，必将增强。**

当我们不再抗拒父母的那些负面情绪，我们便不再关注它们，这些负面情绪对我们的影响就会削弱，这样我们才能不再陷入复制父母情绪模式的循环中。

需要强调的一点：不要试图改变你的父母。

我们必须承认原生家庭对我们的影响，但同时我们也要承认我们有能力为自己的生命负责。许多人对父母的态度都经历了这样的变化：小时候对父母很服从，进入青春期开始叛逆，渐渐地只有不满和愤怒，或者试图改变父母。而这些想法的背后，其实潜藏着一个还未成熟的小孩的依赖心理："因为父母对待我的方式，我才变成今天这个样子，他们应该为此负责。""如果我能改变他们，一切就会好起来。"

　　而事实是想改变父母这样的尝试不仅总是无效，并且会因此制造更多的矛盾和冲突，因为改变别人远比改变自己困难得多。改变的前提一定是"自发自愿"的，没有人可以改变另一个人。作为一个成年人，**我们要做的不是埋怨和怨恨父母，而是开始学习为自己负责，为自己的情绪负责，做一个内心强大的人。**

2. 如何与父母和解

　　当然获得内心的力量不是一蹴而就的事情。正如小雪的苦恼，当自己的意志还不够坚定，很容易就被妈妈的负面情绪干扰。所以父母并不适合我们练习自我成长的课题。下面介绍两种稳定情绪的方法。

　　第一种方法："空椅子法"，在 NLP 中被称为"感知位置平衡法"。

　　可以在自己面前放一把椅子或者一个坐垫。放松呼吸，闭上眼睛，想象妈妈此刻就坐在对面，你们四目相对。你可以对妈妈说：

　　"我是 ××（你自己的名字），你是妈妈，我是被老天眷顾的孩子，你也是被老天眷顾的孩子。我对我的生命负起完全的责任，你也对你的生命负起完全的责任。"

　　"妈妈，我只是你的孩子，你大我小，我做不了你的父母，我只能做一个孩子能做的，我接纳和尊重你的情绪和你处理关系的模式，也请你尊重我！"

　　"妈妈，我太爱你了，你的情绪、态度和处理关系的模式，我都接受，我用你的方式来表达对你的忠诚，这样让我很累。这样爱你让我付出了很多代价。现在，我把属于你的交还给你，这是我对你的尊重。如果我能活出自己的样子，能活得更幸福，请你祝福我！"

接下来，你可以坐到妈妈所在的那把椅子上，进入妈妈的角色，体验她的情绪、感受，更多地了解她的内心世界，并以妈妈的口吻跟对面的孩子说话。你可以对孩子说：

"孩子，我是你的妈妈，请接纳我是有局限性的，我并不懂得如何处理情绪，很抱歉我的情绪和模式给你带来了困扰，这不是我希望的，我只是想要得到你的关爱。我的情绪和命运是属于我的，你不必像我一样。如果你过得比我好，我会很开心，这正是我想看到的！"

你可以在练习中多次调换位置，闭上眼睛，与内心的父母对话，用这种方式有助于你和父母的负面情绪分离。甚至你可以想象身体中的某些情绪慢慢地飞回父母的身上，把原本属于父母应该承担的情绪交还给他们，在家庭系统排列里这叫作"情绪交还"。当你完成这样的练习，可以再感觉一下自己的身体，是否变得更轻盈一些，内心更轻松一些？

第二种方法：每天对自己进行赞许，赞同自己。这样可以增加你内心的力量，稳定你的情绪。

坚持完成上面的练习，可以帮助你更好地稳定自己的情绪，当回到现实生活中，面对父母的挑战，又该如何化解父母带给我们的负面情绪呢？

首先，内心强大的你要温和而坚定地拒绝父母的抱怨，并且不会因此而内疚。

面对负面情绪的"污染"，哪怕是父母的，我们也可以说"不"，我们可以拒绝，这样我们才能够建立起自我的边界。

每一个成年人都要为自己的情绪负责，你没有能力为父母的情绪负责。所以当你面对父母的情绪垃圾的时候，如果你感觉很累，感到烦躁或者压抑，你可以把这些感受告诉他们，比如你可以说："妈妈，咱们换个话题吧，我不想聊这个话题了，这个话题让我感到很烦。"

如果你判断即使你这样表明了边界，父母依然会喋喋不休，那么你也可以不说出来，只是在心里对父母这样表达：这是你的情绪，我无能为力。我只是你的孩子。

然后想象自己的身体之外好像有一个金钟罩，把自己保护起来，特别是把耳朵保护起来，这也是免受干扰的一种方法。NLP中有一种"避弹衣法"，对于有强烈不安全感，内心力量薄弱，容易因为别人的话语或者行动而感到伤害的人，可以多加练习。

其次，如果你能耐心地听父母抱怨，也可以温和地指出他们看待事物的偏颇之处，尝试引导他们将注意力从宣泄情绪转移到解决问题上面，将他们带出情绪的旋涡。

关键是要传递这样的信息："妈妈，你希望下次会有怎样不同呢？"

或者说："你希望下次怎么做才可以避免这种情况发生呢？"

"你可以为自己做的是什么呢？"

总之就是把他们的注意力拉回到他们自己身上，让他们能够关注到自己需要的是什么，而不是陷入"不想要什么"的模式中，让他们寻找到可以满足自己需要的路径和资源。

只有当我们有能力为自己的情绪负责的时候，我们才有能力引导他人为他们的情绪负责。

当我们成长为一个成年人了，我们看待父母的眼光也会有所变化。除了看到原生家庭的阴影之外，也能看到父母正面的积极付出的一面。你需要做到的是尽量不让那些阴影的、黑暗的部分再次伤害你。

当我们用爱来包容和陪伴父母的时候，他们也会发生相应的改变。

练习29　能量外衣

请聆听并跟随"能量外衣"的音频引导，提升自己的内心力量。

第 2 节

如何搞定婆媳关系

一位男学员向我诉苦，老婆生孩子，妈妈来照顾，从此矛盾不断。妈妈看不惯老婆大手大脚，不爱做家务，老婆受不了妈妈唠叨，特别在育儿观念上有很多分歧。两个女人每天在他面前抱怨。若是偏袒了妈妈，老婆就觉得委屈，觉得没把她当成自己人；护着老婆，妈妈就唠叨"娶了媳妇忘了娘"。当夹心饼干的滋味不好受，婆媳战争愈演愈烈，每天回家四处灭火，劝老婆，哄妈妈，焦头烂额。他无力地问我："老师，婆媳关系真的是无解吗？"

婆媳关系似乎是所有关系中最难处理的，这些年盛行的关于婆媳关系的影视剧也反映了这样的社会现实。无论在影视剧还是生活中，丈夫好像总是那个最可怜的人，不能做亲情的白眼狼，更不能做爱情的负心汉，两处讨好，两头受气。

而实际上，"婆媳关系"这个话题本身就是一个谎言，因为听上去是婆婆和儿媳妇的二元关系，却忽视了它的本质——这是婆婆、儿媳妇和儿子的三角关系。"婆媳矛盾"成了一个借口，让儿子从容逃脱，"这是两个女人的事情，我可以做的事情不多"。但是真相是**儿子才是核心，才是解决婆媳问题的关键。**

婆媳矛盾从外表上看，似乎是一些生活习惯、思想理念的差异。有调查显示，婆媳争论点主要集中在育儿和做家务上。但其实，这些矛盾背后的本质是婆婆和儿媳妇对丈夫的爱的争夺。

一位快要做婆婆的大姐对我说："我想我得了婆媳妇恐惧症！"我好奇地请她解释一下。她所谓的"恐惧"包含了：舍不得儿子离开、自怜、感觉被遗弃、不甘心、害怕以后没人照顾、害怕媳妇不接纳她、害怕媳妇对儿子不好，还有怕自己不再被需要等。

而媳妇们都是什么样的感受呢？一个嫁到外地的女友说："只是因为深爱一个男人，我告别生我养我几十年的家，来到一个陌生的地方。可是，面对婆婆的诸多挑剔，丈夫只是一味劝我：'那是我妈，你就忍忍算了。'让我觉得自己永远比不上婆婆在老公心里的地位。我永远只是一个外人。"

有心理学家做过的调查统计显示，2/3 的媳妇认为，婆婆会想"儿子有了媳妇忘了娘"；也有 2/3 的婆婆认为，她在媳妇眼里就是多余的，有点受媳妇排斥。

很多男人都不能理解，娶了媳妇不是多了一个女人爱自己吗？为什么会引发"战争"呢？

家庭是传递爱的载体，从父母传给孩子，再由孩子向下传递。不过，**家庭关系中居首要位置的，不是亲子关系，而是夫妻关系。**夫妻关系是家庭的"定海神针"，在三世同堂的家庭中，如果夫妻关系和谐，那么这个家庭就会稳如磐石。

但是，现实中不少家庭是失衡的：亲子关系是核心，夫妻关系是配角。在这种模式下，母子关系几乎必然重于夫妻关系。

也就是说，对于一个妈妈而言，儿子是她最重要的情感寄托，丈夫最多排在第二位。儿子才是她最亲密的人，是她最割舍不下的人。

于是，当儿子要分离，去找一个爱人，并建立一个自己的新家庭时，作为婆婆，她很失落，自己失去了生命中最重要的人，因此，她有时会有意无意地阻止儿子与儿媳妇建立最亲密的关系。

作为儿子，他认同自己是母亲心目中最重要的人，他比爸爸还要重要。长大后，组建了自己的小家庭，他需要"回报"母亲。于是，他也会难以"背叛"母亲而与妻子建立最亲密的关系。

这是失衡家庭中婆媳关系难以相处的更深层次的原因。

相反，如果婆婆心目中最重要的人一直是丈夫而不是儿子，那么儿子的远离，就不会感觉那么难以割舍。相反，她会欣喜地看到，儿子找到了他最爱的人，他可以拥有自己的家庭、自己的人生了。这时，她会祝福儿子，祝福儿子和媳妇即将走上自己曾经走过的幸福之路。

作为婆媳争夺的焦点，丈夫的应对模式至关重要。如果他只是一味逃避责任，希望做好好先生，或者希望尽可能满足双方的要求，这场冲突当然会持续下去。

1. 夫妻关系才是小家庭中的核心关系

高情商的丈夫怎么应对婆媳关系呢？

首先澄清一个原则，就是你的家庭你做主。

健康家庭的第一定律——**夫妻关系是家中的核心关系。**

丈夫要明白，在他的原生家庭中，他的父母是最重要的，他们最有发言权，但在他的小家庭中，他和妻子才是最重要的，他的父母不该有太多的干涉。

无论你多么敬爱你的父母，你终究要离开他们，过自己的生活。无论你多么爱你的儿女，他们也终究要离开你，过他们自己的生活。而你的妻子，才是那个真正会陪伴你走过一生的人。

只有当丈夫意识到他现在生命中最重要的关系是夫妻关系，当自己父母和妻子发生冲突的时候，他需要和妻子站在一起，婆媳关系问题才能得到妥善解决。

当男性选择用这种方式和母亲建立界限的时候，母亲的感情可能会受到伤害。但是从长远来看，这是值得的。因为婚姻刚开始的几年非常脆弱，男性选择和自己妻子建立统一战线，会增加妻子的安全感；而男性和自己母亲的关系其实已经非常稳固，不会因为男性选择和自己妻子靠近就会被破坏。

更重要的是，男性对自己妻子的态度，会严重影响他的父母对待媳妇的态度。如果他开始贬低自己的妻子，表现出不尊重的感觉，他的父母会很快附和他的看法，妻子会感觉被丈夫的家庭排斥在外。

把配偶放在第一位，是幸福婚姻非常重要的一步。在婚姻最初的几年，丈夫和妻子的主要任务是建立起"我们"的意识，在你的核心家庭中，你首先是别人的丈夫或者妻子的身份，然后你才是儿子或者女儿的身份。夫妻不仅要在彼此父母面前维护对方，还要在所有人面前维护对方。这种意识的强弱决定着一段婚姻能走多远，只有当夫妻均将对方视为可靠的队友，他们才能携手解决婚姻中的问题。当一个人把你看成外人，你们的合作还能继续多久呢？

这并不是说，我们要把最多的资源留给配偶。相反，当老人和孩子需要照顾的时候，我们必须把更多的资源给他们。但是，我们一定要懂得，配偶才是真正陪伴我们一生的人，才是我们最重要的心理寄托。

确定了这样的前提，剩下的事情就比较容易处理了。

2. 聪明男人都在用的五大招

下面就为男士们支点招。

第一，保持距离，亲密有间。

当女人结婚后，都希望自己托付终身的男人能够成熟起来，有担当，撑起这个家庭。可很多男人却忘记了转换角色，总以为自己还是父母的乖宝宝，事事总想依赖父母，不管是家务上还是经济上。非常明显的一个标志就是不愿离开父母单独过日子，冠冕堂皇的理由：我要照顾我的父母！同在一个屋檐下，亲人间都会有摩擦，何况没有血缘关系的婆媳，因此，分开住是一个既能避免不必要的冲突，又能让小夫妻迅速成长的办法。两代人的住处差不多是"一碗汤的距离"，保有各自独立的私人空间，也能彼此有个照应，既有界限也有连接。

第二，以身作则，自己带头孝敬父母。

很多男人有这样一个思想：我爸妈养我不容易，所以你就应该孝顺我爸妈。这句话并没有什么逻辑，一个女人是因为你的关系，才"走进一家门"，你的父母辛辛苦苦把你拉扯大，为什么需要媳妇来照顾，而不是你来照顾呢？很多婆媳矛盾指责妻子"不孝顺"，其实，是丈夫把照顾父母的责任全部甩给妻子，还觉得天经地义。你的态度决定妻子的态度。当儿子的孝顺了，做妻子的自然也会仿效。因为她是因为爱你，才会叫他们一声爸妈。你关心照顾父母，妻子自然不敢怠慢。

第三，"双面胶"，两边做好人。

有一个男性朋友是这样化解婆媳矛盾的，下班后，他给母亲送洗脚水说："我刚到家，媳妇就催着让我给你端洗脚水，她说你的关节炎又犯了，还让我给你带上了药膏。"晚上她对妻子说："母亲煲了汤让我给你送来，她说你胃不好，晚上要多少吃点。"

化解婆媳矛盾的重要一点是增加婆媳之间的亲密度，而聪明的老公会把做好人的机会让给妻子。过节了，以老婆的名义买东西孝敬父母，在家里，多引导妻子夸夸婆婆，赞她厨艺精湛，赞她持家有方，有什么能讨父母欢心的事也多让妻子来做。即使是自己做的，也要提一句有妻子的心意。妻子做了这么多，做婆婆的会觉得媳妇很明事理，没道理再在小事上和媳妇闹不愉快。此外，妻子能感受到你在其中做的努力，对你的爱只会有增无减。

第四，不当着自己父母或家人跟老婆吵架。

天下没有不吵架的夫妻，吵架也是很多夫妻交流沟通的一种方式，但吵架也是非常伤害夫妻感情的，尤其是当着父母的面吵架，不但伤害夫妻感情，同时也会伤害自己父母跟另一方的感情。

父母都希望看到儿子媳妇能够和和美美的过日子，如果听到儿子媳妇吵架，他们会很伤心难过，或者认为他们的存在影响了小夫妻的感情，认为自己是个累赘，更有甚者会认为是媳妇不想赡养自己故意跟儿子吵架，并会因此跟媳妇产生隔阂。

还有一些护短的父母，儿子当着他们的面跟自己老婆吵架时，他们会跳出来帮儿子对付老婆，他们这样一掺和，便将夫妻间的 "内部矛盾" 转化成了更为复杂的 "婆媳矛盾"，如果是夫妻之间的矛盾就应该很容易解决，但如果中间掺入了其他人和关系，解决起来会棘手得多。

第五，不做抱怨的传话筒。

俗话说："会做的两头瞒，不会做的两头传。" 两头瞒的男人不但能巧妙地让两个女人对彼此的不满消弭于无形，而且会替两个女人讨好彼此，让两个女人互增好感，促进婆媳之间的和睦。两头传的男人真的考虑欠妥，很多婆媳之间本来没有多大的矛盾，只是一些小摩擦，但经过中间的那个男人的传达后，小摩擦也会擦出 "大火花"，让婆媳之间的矛盾变得无比尖锐、最终的结果便是将传话的男人放到深水热火中煎熬。

解决婆媳矛盾的终极秘籍，在于经营好自己婚姻。

仔细观察那些婆媳和睦的家庭，会发现都有这样一个共同点：老人真心去爱儿子，儿子真心去爱老婆，老婆因为爱老公而对公婆爱屋及乌。

丈夫真正懂得妻子，理解她的苦心，看到她的难处，心疼她，爱护她，妻子会明白丈夫的苦心，即使婆媳之间产生了矛盾，基于对你的爱，她也愿意主动去示弱，去化解，哪怕是委曲求全。因为她不愿意婆媳关系造成你的困扰。而婆婆看到儿子儿媳美满幸福，也会懂得得体地退出。因为爱儿子，从而对媳妇包容，接纳和妥协。因此，经营好了夫妻关系，再难的婆媳矛盾都不是问题。

第 3 节

"七大姑八大姨" 的相处指南

每逢佳节探亲访友之际，经常会看到一些网友的调侃："过年回家如何面对亲戚的盘问""如何优雅地反击七大姑八大姨的灵魂拷问"，看着那些俏皮的文字忍俊不禁，在赞叹这些机灵古怪的想法时，又感受到幽默背后深深的无奈。本来应该美好的团聚时光，为什么会成为一个群体给另一个群体带来不适和压力的场合呢？

有不少学员抱怨："难得休假回家，我只想好好放松一下，可有些亲戚关心的问题，让我感到难以呼吸。"

"她们不了解我们的情况，却非要给我们一些荒唐的建议，我经常感觉自己的智商受到了侮辱。"

"我不知道她们为什么这么热衷打探别人的隐私，但是每次被盘问时，我不想说又不好拒绝，实在令人抓狂。"

…………

究竟是怎样的沟通，会令这么多网友"同仇敌忾"地声讨"七大姑八大姨"？

有人统计了"过节回家最讨厌被问的问题"，排名前五的如下。

① 你专业都学些啥？

② 有没有女朋友／男朋友？

③ 平时是不是特别闲特别轻松？

④ 成绩怎么样啊？／工资收入高吗？

⑤ 能不能给弟弟（妹妹）辅导功课／介绍工作？

乍一看，这只是一些关心和问候，在不合适的身份和场景下，这些话题可能就有点令人尴尬，而这可能只是打开了一个话匣子，随之而来的就是"七大姑八大姨"排山倒海般的思想入侵和评判。

有一位学员用亲身经历跟我吐槽"七大姑八大姨劝过的架，

只会越吵越烈，她们劝架更像煽风点火"。

小芳怀孕三个月的时候发现老公出轨，找老公争论的时候被老公推倒导致小产，她在住院的时候心如死灰，暗下决心要离婚。

她的"七大姑八大姨"知道了此事，像是约好了一样，陆续来医院探望，劝她不要离婚。"男人都是这样，玩够了就回来了""离了婚的女人不好过，你离婚不就成全了他和外面的女人""婚姻都是这样，好好过日子，睁一只眼闭一只眼就行了"。

小芳禁不住劝，忍气吞声把这件事压了下来。结果她的容忍不仅没有换来老公的回心转意，反而又一次经历了"家暴"。小芳听着"七大姑八大姨""安慰"的话语，忍不住问道："你们说离婚会毁了我的名声，名声比我的命更重要吗？"得到的回答却是"一个女人失去了名声，等同于失去了生命"。

其实"七大姑八大姨"只是一个比较笼统的称呼，它并非用来污名化真正关心我们的亲戚，而是特指那些和我们关系并不亲近，却喜欢不断侵犯我们的个人边界，用他们的人生观、道德观对我们实施"绑架"的群体。

为什么"七大姑八大姨"现象会触发我们许多糟糕的情绪？这里涉及一个概念：**自我边界**。

1. 你有边界意识吗

自我边界是指个人所创造的准则、规定或限度，以此来分辨什么是合理的、安全的，别人如何对待自己是被允许的，以及当别人越过这些界限时自己该如何应对。

自我边界分为"身体边界"和"心理边界"两个部分。

比如当"七大姑八大姨"积极热情地想和你建立紧密联系的时候，她可能会离你很近，甚至贴着你的脸讲话，有的可能会抓起你的手还轻轻地拍几下。这些行为会让一些人感受"自我边界"被打破，有强烈的不适感。这是属于"身体边界"的范畴。

而"心理边界"更多表现在想法、情绪、观念、信仰、价值观等多个方面，是我们心理安全距离的界限。"身体边界"的信息容易被我们所抓取，而"心理边界"则被大多数人所忽视。在不明所以的情况下两个人的"心理边界"发生冲突和碰撞，就会导致我们产生不适感，很多人不知道为什么自己就莫名地被对方的一些言语"点燃"。比如当"七大姑八大姨"在向你传递"女人的名声比生命更重要"这样的信念的时候，违背了你的价值观，这就是一种明显的对"心理边界"的侵略。而在前面的章节中我们提到，当我们边界被突破的时候，往往最容易产生的情绪就是"愤怒"，我们以此来捍卫和维护自己的边界不受侵犯。这也就是为什么那么多网友会"同仇敌忾"，一起声讨"七大姑八大姨"，用这样的方式宣泄现实中难以释放的愤怒情绪。

现在，既然我们已经知道了情绪的来源，并且也明白自我边界对于我们而言意味着什么，我们就可以在面对"七大姑八大姨"现象的时候，知道该如何去应对。

首先，我们需要明确一件事情：自我边界本身并没对错之分，它只是我们的成长环境、文化背景、信念和价值观共同建立起的一套系统，它对于我们而言只有"适合"或"不适合"。健康的自我边界是对自己的情绪和行为负责任的，并且能明确这些责任是属于自己的，还是属于别人的。它有以下一些特征。

- 清晰的，明确的。

- 不能被强制或强迫改变。

- 可以是灵活且有弹性的。

- 可以保护我们而不是伤害我们。

- 是可以接受的，没有攻击性的。

- 是自己的选择而不是别人的要求。

这有助于我们理解"七大姑八大姨"的行为动机，她们也许是真的"热心热肠"地想关心你，给你"出谋划策"，而并非有意地激怒你，只是你们的边界感不同。当她们无法意识到这个问题，而且你也无法意识到这个问题的时候，你作为被"冒犯"的一方，自然会感受到愤怒和不适。而作为"七大姑八大姨"，一片好心好意被拒绝，或许她们心中也充满了委屈。

例如上面小芳的事例，那些轮番劝说她不要离婚的"七大姑八大姨"，或许她们就是在这样的价值信念系统中处理自己人生的各种事情，她们或许也经历过各种被出轨，被婆家欺凌，在强大的压力中夹缝求生。所以她们才会认真地告诉你"女人的名声大于天"这样的观点，并十分笃定这才是这个世界的真理。

那么听取了"七大姑八大姨"的意见，而没有选择离婚的小芳，真的就是"受害者"吗？也不尽然。

如果小芳是一个非常清楚自己的"自我边界"在哪里的人，如果她很清楚自己想要的是什么，那么她就会为自己的情绪和行为承担责任，而不是任由其他人的言论操控自己的选择。所以小芳也是一个"自我边界"并不清晰的人，才会任由"七大姑八大姨"左右她人生的重大抉择。并且如果她将后果都怪罪到这些"七大姑八大姨"的头上，那么她也逃避了自己应该承担的责任，好像是这些不相干的人应该为她如此惨痛的后果负责一样。

拥有不健康的"自我边界"的人，很容易对他人的情绪和行为负责，或者希望他人能够为自己的情绪和行为负责任。

美国心理学家尼娜·布朗在她的书中将"自我边界"分为四种类型。

① 柔软型。

柔软型自我边界的人容易受到他人的影响和控制，很难拒绝他人的想法，容易与人共情并被过度卷入他人的情绪当中，把别人的情绪当作自己的情绪。

② 刚硬型。

刚硬型自我边界的人是封闭隔离的，坚决地捍卫自己的边界，不容他人破坏，这样的人往往缺乏安全感，难以信任他人，让人感觉难以接近。但是他们并非对待所有人都是刚硬的，只是很少有人能真正走入他们的内心。

③ 海绵型。

海绵型自我边界的人介于柔软型和刚硬型之间，他们就像一块海绵一样，偶尔会受到他人的影响，但有时候又会拒绝一些关系的靠近。海绵型自我边界的人边界是不清晰的，经常处于矛盾的状态，不确定该排斥什么，又该融入什么，时而担心侵犯他人或被人侵犯，时而又担心无法与他人建立很好的连接。

④ 灵活型。

灵活型自我边界的人有清晰的自我边界，可以选择自己允许什么样的人靠近，在什么样的场合靠近，同时又可以清晰地把自己不想要的部分阻挡在自己的边界之外，不受其影响，也能抵御情感上的感染和控制。

我们可以看到小芳可能就属于海绵型的自我边界，她在遭遇丈夫的出轨和家暴的时候清晰地知道自己不想要这样的婚姻，但同时又会因为"七大姑八大姨"的劝说而放弃了原先坚持的立场，小芳的自我边界因为不稳定而容易动摇。可见，建立健康的自我边界对于保护自己、保护身边的人，以及维系稳定的人际关系是多么重要。

下面分享一些关于自我边界不健康的表现，大家可以审视自己的边界是否足够清晰呢。

- 讨好他人，无法坚持自己的立场。
- 扮演拯救者，经常牺牲自己去帮助周围的人。
- 让别人来定义自己。

● 不会提要求，期待别人能自动满足自己的需要。

● 不会拒绝，拒绝别人的时候自己会感到内疚。

● 喜欢打探别人隐私，不管对方是否愿意。

● 不敢表达自己的情绪，有情绪的时候习惯性忍气吞声。

● 对别人的行为指手画脚，在不了解对方需求的情况下给出不合理的建议。

…………

如果你有上面的某种情况，那么就需要审视自己的自我边界是否足够清晰，在人际关系中是否会过度付出或者过度索取。

2. 建立自我边界的四大法则

接下来，我们就一起探讨一下如何建立健康的自我边界。

法则 1：清晰地告诉自己，我有权利维护自己的领地。

无论是我们的"身体边界"还是我们的"心理边界"，都属于我们个人的"领地"，在我们的领地之内，我们有权利也有能力将属于我们的"地盘"建设成我们想要的样子。其实建立自我边界的过程，也是自我认同的过程，清晰地知道"我"到底是什么样的，只有如此，我们才知道如何维护自己的世界，获得他人的尊重。

法则 2："我"是重要的。

你要相信，你自己的感受比别人的需求更重要。这句话虽然听起来有一些"自私"，但实际上这是自我关爱的表现。"自私"和"自爱"最大的区别在于你是否损害了他人的权利。自私是只关注自己，自爱是既关注自己，也关注他人。在建立自我边界的过程中，我们并不会侵犯他人的权利，我们只想保护自己的领地。如果你无法将"自我"摆在首位，只是用讨好和牺牲的方式去满足他人的需求，最终会导致你内心力量的匮乏，并且不会因此就得到他人的尊重。

法则 3：明确你可以接受的和你不能接受的，清晰地表达它们。

自我边界就像国家与国家之间的协议和条约，用来明确哪些是敞开的，可以互通有无的，可以进行往来的；哪些是底线，是不可侵犯的。明确这些信息对于你建立清晰的自我边界有非常重要的帮助——敢于拒绝那些侵犯你边界的行为和情绪，勇敢地对它们说"不"。

法则 4：学会拒绝。

你感到愤怒是一个非常好的信号，说明你该采取行动了。

但同时我们又需要掌握一些技巧，既可以维护自己的边界立场，同时在拒绝的时候不会招来对方的攻击，这里分享合理沟通三步法：赞同，补充 / 比较，表达拒绝。

第一步：赞同。先认可对方的动机，缓解拒绝时给对方带来的压力。

例：我知道你很想关心我，你的意见对我很重要。

第二步：补充 / 比较。温柔而坚定地说出你自己的想法和观点，在不否定对方言论的前提下进行补充和比较。

例：不过北京那边的情况您可能还不了解，那边工资水平很高，但是生活成本也很高。相比老家这边的稳定，那边对我而言意味着更多的发展空间和机会。

第三步：表达拒绝。清晰，直接，具体，切忌模棱两可给对方回旋的余地。

例：所以我现在的决定是继续留在北京发展，不回老家，希望您能尊重我的决定。

在最后，可以转移话题或者去关心对方的需要，在缓解紧张压力的同时也能避免继续聊这个话题。

回到小芳的案例，面对丈夫出轨并且家暴的行为，问自己，这是不是可以接受和容忍的，坚定自己的立场，积极求助于可以支持和帮助自己的资源，对伤害自己权益的行为坚决说"不"。

当"七大姑八大姨"前来探望和游说的时候，可以先温和地表示收到了她们的关心和热心的建议：谢谢你们能来看我，看到你们那么热心地给我建议，我知道你们也很担心我。同时坚定地表达自己的想法：这件事对我造成很大的伤害，我想同样作为女人，你们都清楚这对于我来说意味着什么，我感到很痛苦。最后表明立场和决定：我已经想好了，这是我的决定，希望你们尊重我的选择，也希望你们可以支持我，我需要你们的支持。

一个人有足够的勇气和能力去维护自己的边界，别人才会尊重你的立场。